用 文 字 照 亮 每 个 人 的 精 神 夜 空

在江南遇见
二十四节气

沈卫林 著

CNS 湖南人民出版社 · 长沙

图书在版编目（CIP）数据

在江南遇见二十四节气 / 沈卫林著. —长沙：湖南人民出版社，2023.11
ISBN 978-7-5561-3310-9

Ⅰ. ①在… Ⅱ. ①沈… Ⅲ. ①二十四节气—普及读物 Ⅳ. ①P462-49

中国国家版本馆CIP数据核字（2023）第161201号

在江南遇见二十四节气
ZAI JIANGNAN YUJIAN ERSHISI JIEQI

著　　者：沈卫林
出版统筹：陈　实
监　　制：傅钦伟
选题策划：北京领读文化
产品经理：领读-李晓
责任编辑：张玉洁
责任校对：夏丽芬
封面设计：尚燕平

出版发行：湖南人民出版社有限责任公司［http://www.hnppp.com］
地　　址：长沙市营盘东路3号　　邮编：410005　　电话：0731-82683313

印　　刷：长沙新湘诚印刷有限公司
版　　次：2023年11月第1版　　　　印　　次：2023年11月第1次印刷
开　　本：880 mm × 1230 mm　1/32　　　　印　　张：7.75
字　　数：150千字
书　　号：ISBN 978-7-5561-3310-9
定　　价：56.00元

营销电话：0731-82683348（如发现印装质量问题请与出版社调换）

序一

二十四节气是中国传统智慧的集中体现，是展示我们祖先认识自然规律并用于指导农事活动和发展农业文明的窗口。

江南和二十四节气，这两个主题碰撞在一起会是什么样的呢？如何有机地把这两个主题糅合在一起？过多地写江南易落俗套，过多地写科普又不免枯燥。作者从一个普通江南人的角度去观察和思考，反倒有所收获，这个人可能是个孩子、是个农民、是个清洁工、是个技术员，再由小及大，透过这绚丽多彩的节气画面去感受其背后所散发出的自然与文化之魅力。作者从一个全新的角度进入并徜徉在节气之中，同时在节气之外给了人们三点启示。

敬畏自然。这是贯穿全篇的主题，我想作者绝不是要表达一种保守的宿命观，而是要说张弛有度、攻守有道之理。即使像今天这样拥有高度发达的科技力量、看似无比强大的人类，不论是在时间还是空间的维度上，在大自然面前都渺小得不值一提。面对狂风暴雨、海啸地震，人类都做不了主，但若人们懂得敬畏，便可以提前读懂大自然给予的信号并有所防备甚至有所收获。从古时候的“数罟不入洿池”“斧斤以时入山林”到现代的节水灌溉、土壤改良、低碳出行等均是如此。如今，全球气候面临前所未有之变化，如何通过传统节气的知识去认知这一变化是一个充满挑战性和趣味性的话题。

敬畏生命。作者把每一个节气的三种物候都单独做了篇章，从飞禽到走兽，从水族到昆虫，从鲜花到浮萍，无不想说明生命链的通达与神奇。比如我们在餐桌上看到的一颗小番茄，从一粒种子到育苗到结实采摘，其间有多少生命参与了它的成长。如果不敬畏这些在自然工厂中进行大生产的生命群体，那么可能在某一天，由某个细微的点所触发的失衡，会让人们花费巨大的精力和物质去弥补。而这些，往往最容易被繁华所掩盖，被人们所忽视。

敬畏耕耘。食物是人类赖以生存的基础。从播种到收获再到餐桌，不只是一个三点一线的过程，更是一个和人类健康以及生态系统健康紧密关联的复杂过程。这个过程所蕴含的是劳动者的辛苦和大自然的馈赠。我们必须敬畏耕耘，必须珍惜我们今天所能拥有的丰富多样的食物。在我们生活中，在前进的路上，每一位耕耘者都应当受到尊重。

泥土的醇香远非钢筋水泥所能比，对泥土的眷恋是人类从远古进化至今至深的自然烙印。如今，人类面临三大环境挑战：气候变化、生物多样性丧失和化学污染。应对三大挑战的根本在于人类如何与自然和平共处，认识二十四节气可以更好地唤起人们对天地之敬畏。正可谓“呴谕覆育，万物群生；润于草木，浸于金石”，让我们在二十四节气中，寻找江南的美，寻找天人合一的自然之道。

中国科学院院士，李比希奖获得者

序 二

山冥云阴重，天寒雨意浓。数枝幽艳湿啼红，莫为惜花惆怅，对东风。　　蓑笠朝朝出，沟塍处处通。人间辛苦是三农，要得一犁水足，望年丰。

（宋·王炎《南柯子》）

读《在江南遇见二十四节气》，让人想到了这首诗中农业的艰辛和诗意。不可否认，现实的农业并不等于田园，它是一个个辛劳的叠加；现实的农村并不等于梦境，它是一个个张弛的反复。但农业与农村正因为四季风光的渲染和丰收尽头的等待，才充满了诱惑。在整个过程中，开篇、经历、结果，均依赖于两个字：季节。正因为有了季节的变化与更迭，才有了农业与农村的色彩。

二十四节气是一个极为古老和宏大的概念，在传统文化的书架上有许许多多的品类。因为其源于黄河流域，所以在绝大多数人的印象中，节气与农事、与风俗、与美食、与人们的衣食住行的关联均以北方为落脚点，冬至夜吃饺子，大雪时节雪深三尺，每个人都以为理所当然。而每到此时，细腻又与世无争的江南人安然地在花开花落之间从不争辩江南的节气与人世的关系到底应该是什么样的状态。因此，关于江南的二十四节气的述说便少之又少，提及江南，人们往往不说节气，几乎所有关于江南的讯息都淹没在小桥流水、杏花烟雨的印迹之中了。

这本书正好填补了我们对江南节气印象的缺失，书中所说的许多镜头令人印象深刻：如清明节的甜麦塌饼，原本是农民们外出劳作，为方便携带和久存而发明的一种美食，现已成为舌尖上的节气符号；再如桐乡人基本不过端午节，但都会给家中的幼儿穿上一种“黄老虎”衣裳，这成为几代人儿时初夏的记忆。关于这些镜头，文中只用寥寥数语，就让人走进了真实的江南人家。

与风景和农事同步进行的，是借节气之手诠释生活的经验道理和对自然人生的感悟。如“人有心机，所以对美的表达各有心思，有出水芙蓉，有庸脂俗粉，有小家碧玉，有东施效颦；植物则相反，适自然而生长，福严渡的油菜花，鲇鱼兜的乌桕树，紫竹园的桑叶，天花荡的野草，只有形式之别，而无高低贵贱之分。古人说‘素以为绚’，对花来说，能盛开的便是最美的”。类似这样的文字，在每个节气里都会出现多次，既能举事用典，又能雅俗共赏，与其说在闲话节令，不如说在体味人情，让江南节气的气质不输于北方的正统源流。

在文化与风雅被人们不断关注的时间节点上，以节气为主线，将以桐乡为代表的江南农村风物、习俗和美食串联起来，配上没有经过艺术加工的真实照片和注释，好似向人们展示出了一幅完整的江南农耕生活画卷。读之令人心情愉悦的同时，更为江南深层次的美而喝彩。

与江南的节气对话，不仅要有感官，更要带上初心。

清华大学博士

引子

春雨惊春清谷天，夏满芒夏暑相连。
秋处露秋寒霜降，冬雪雪冬小大寒。
每月两节不变更，最多相差一两天。
上半年来六廿一，下半年是八廿三。

对于学农事农的人来说，二十四节气蕴含着无比亲切的情感。

她是一个色彩丰富且饱含生命的循环，叶落花开之间传达天地的讯息，雷雨霜露之中施展自然的泽惠，檐蛛蜻蜓之舞跳出俗事的情趣，柳嫩荷枯之变昭示时光的流逝，春播秋收之理承载稼穑的祈盼。以行夏之时，见微知著，既细腻到让每个人都能触摸季节的变换，又宏大到能囊括苍穹之中无形的更迭。从一个节气到另一个节气，春风化雨、白露为霜；从一个季节到另一个季节，麦浪桑田、耕耘收获。道不尽自然、生命、万物进化的包罗万象。如果要选一种最能代表中国传统文化的法则，二十四节气应当之无愧吧。

目录

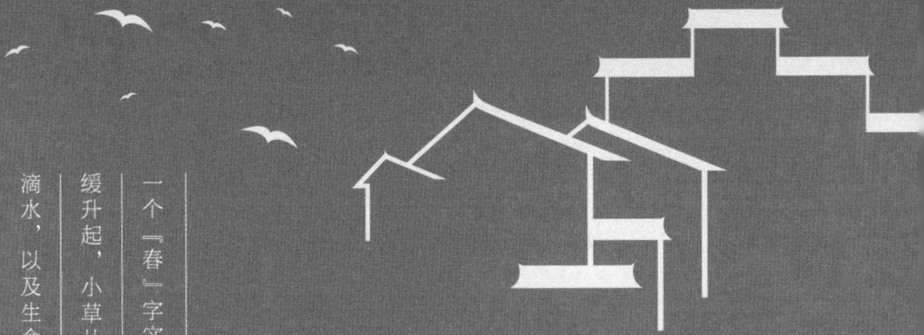

立春

LICHUN

一个『春』字实在太过美妙，中间一个屯（村），太阳从地平线上缓缓升起，小草从封冻了一季的大地下破土而出……一个字、一株草、一滴水，以及生命的每一次微妙萌动，都让我们对渐渐走近的春意产生无限憧憬。

在古人的语言中，春花秋月是极美好的意象，春天必定是杨柳依依、蒌蒿满地，秋天必须是秋色连波、黄叶纷飞。当然我们也乐意看到或者更希望大自然能够将四季分得如此明朗，所谓“四时之景不同，而乐亦无穷”。

然而分明的四季却并不易得，特别是人们最喜欢的春秋两季，或是姗姗来迟，或是飘忽不定。如丰子恺先生所说的春天：“一日之内，乍暖乍寒。暖起来可以想起都会里的冰淇淋，寒起来几乎可见天然冰，饱尝了所谓‘料峭’的滋味。天气又忽晴忽雨，偶一出门，干燥的鞋子往往拖泥带水归来……”而且我们以为春天来日方长，谁知温度变幻无常，在没有完全感觉到春天苏醒时，一下子又热得难熬，暖风只如拂面，稍作片刻停留，春天便如红楼梦中的贾家四姐妹一般：原应叹息（元、迎、探、惜）。

立春作为春的开篇，稍有不同，因为对于阳春，是挽留的时间短，而对于立春，则是等待的时间长。所以即便在立春真的到来的那天什么事情也没有发生，人们也仿佛经历了长途跋涉看见了新的希望。江南有人因此也把立春叫作“交春”——大自然把春天交给了我们，显得更加郑重其事。

乌镇

还未出发的乌篷船

立春，地球公转离黄道 0 度起始尚有 45 度的距离，冬的寒气还掌握着绝对的控制权，覆盖了全国绝大部分的土地 。立春就像新年里的第一发炮仗，所有的仪式都还没有开始，但出发的信号已经发出。

立春在每年的 2 月 4 日居多。从节气歌的后四句，我们不难计算出当前处于什么节气。因为农历存在闰月，一些年份有 13 个月，而节气只有 24 个，所以“每月两节不变更”指的是公历的每个月有两个节气。上半年节气交替在每月的 6 日和 21 日附近，下半年则在每月的 8 日和 23 日附近。从真实情况看，“最多相差一两天”的说法并不是很准确，“最多提前一两天”可能更接近实际。

中国人将春节与新年合在一起过是民国之后的事，古代一般以立春为春节，农历元旦（正月初一）为新年的开始。在大多数情况下，这两个日子相距很近，可以不分彼此，这样一来，公历的元旦与农历的春节之间的间隔不再固定，江南人也就有了“春长与春短”的概念。所谓春长，是指正月初一在立春之前的情形，反之则称为春短，这与距离上一个闰月的时间有很大关系，并且能从中总结出“春长雨水多，春短不少做”之类的农事经验，从 2022 年的初春这么多雨天来看，这种说法似乎不无道理。虽然公历一年多为 365 天，虽然立春到清明永远是两个月，但经过这么一说，好像春节与立春的错落真的导致了未来气候的不同。

正月十五的元宵节大多位于立春的尾巴上，可惜的是，这个从古至今缠绵悱恻的传统节日，地处江南的桐乡人与之相关的活动却并不丰富。至于大多数书中所写的“打春”“咬春”等，早已被整合到其他年事活动中去了。

可能是诗意被冰封得太久的缘故，面对着还有些冷清的初春，人们早已跃跃欲试，春情勃发。“春日春盘细生菜”，农民手中初鲜已成；“暖雨晴风初破冻，柳眼梅腮，已觉春心动”，少女眼中看啥都是情思；读书人更是能一口气写下十个“春”字：“春来街砌，春雨如丝细。春地满飘红杏蒂，春燕舞随风势。春幡细缕春缯，春闺一点春灯。自是春心撩乱，非干春梦无凭。”尽管窗外还是疏疏落落，单调无趣，人们愣是被这铺天盖地的氛围搅得春心萌动。

东风解冻，蛰虫始振，鱼陟负冰。

自然万物的变化在微妙之中，更在一瞬之间。

东，《说文解字》释为“动也”。风自东而来，由萧瑟变为料峭，多了一份萌动之气。“风乍起，吹皱一池春水”，风来的速度之快，让人猝不及防。就在一刹那间让人感觉到了春的气息，虽然还不浓郁，却是清晰至极。从严格意义上来说，排在四时八节最前面的立春所对应的风向还只是东北风，真正的东风需

年味就在窗外

年初七称人，
孩子们觉得坐在
筐里很好玩儿

等到春分节气。但此时人们的心情早已迫不及待，像饥饿的人看着未收汁的红烧肉忍不住要去品尝，不管是农人还是文人，都把立春的东北风唤作东风。“东风未肯入东门”“东风吹柳日初长”“东风夜放花千树”。东风一吹，任你大寒水泽腹坚，也只能乖乖地解冻酥化，没有什么意象能比东风更能给人突然的惊喜。

蛰虫始振，并未精神大振，只是睡眼惺忪地蠢蠢欲动。人们说“早起的虫儿被鸟吃”，立春的虫子相当于天未亮起床，此时鸟儿还在赶来的路上，因此随便活动都无性命之忧。古人的视界灵敏得很，东风一吹，便知地下那些冬眠的小虫子进入了哪种状态。“变态”本是一个科学名词，说的是昆虫一生经历的四个阶段：卵、幼虫、蛹、成虫，完整经历四个阶段的称为完全变态，有些虫子直接从幼虫变为成虫，称为不完全变态。“变态”是一个完整的生命周期不可或缺的过程，是对应自然法则的一次次律动。

鱼陟负冰，是最有《诗经》味的物候。“陟彼高冈，我马玄黄”“陟彼南山，言采其薇”。“陟”是一个易错字，意为登高、上升。因为有了一候的东风解冻，水面上才有了可以流动的冰块，因为鱼儿在水底游动，冰块才能运动。远远望去，就像鱼儿背着一块块冰在游动，并且时不时地冒个泡，到水面呼吸一口这新鲜的东风。

立春前后，人们经常听到两个常用词：“一年两头春”和“盲年”。什么意思呢？照我们平常的理解，公历与农历相差一个月左右，按照朔望月与公元日历，农历一个月为29或30天，公历每个月多为30或31天，这样一来，每过一个月，两者将会被拉近1天左右，待到差距缩小到21天左右的时候，就会出现农历的闰月。闰月从二月到十一月都有可能出现，在某年某月连续有两个同字号的农历月份，后一个月便称为闰月，出现的频率大概为每19年中有7个闰月，因此古有“十九年七闰”之说。刚刚过完闰月的下一个月，公历与农历的差距将会被拉长到一个半月以上，随后逐月缩小，直至出现下一个闰月。

农历哪年哪月出现闰月，其前后溯及的千百年早已被精确定位，这里包含了古人对天文地理极其深远的理解和精妙的推算。当一个农历年中出现两次立春节气的时候，那一年就称为“一年两头春”；当一个农历年中没有出现立春节气的时候，那一年就称为“盲年”。（如2017年即农历丁酉年的立春在正月初七，因为这一年出现了闰月，下一个立春为2018年2月4日即农历丁酉年的腊月十九，因此农历丁酉年即为“一年两头春”；反之，2016年即农历丙申年的正月初一为2月8日，立春已过，下一个立春需等到2017年即农历丁酉年正月初七，因此农历丙申年即为“盲年”）当然，“两头春”也好，“盲年”

立春，
在气象学上还是冬天

也罢，只是讨个口彩，并不影响春的进程。

江南丰腴之地，勤劳的人们早早地准备开春的农事。古人说：“嘉禾一穰，江淮为之康；嘉禾一歉，江淮为之俭。”说的不单是这片土地自身的天赋，更是人们善于与季节对话和互动的智慧。下雨，人们会说“立春之日雨淋淋，阴阴湿湿到清明”，需做好开沟排水的准备；年后，人们会说“立春放鱼秧，当年好起塘”，需赶上步伐才有收获。除此以外，吴语系方言中保留了入声字，读起来更加韵味十足，诗中说“小语春风弄剪刀”，江南人说“乌花裁衣好过冬”；诗中说“薄刃新剖妙莫题”，江南人说“立春萝卜赛过梨”。这些谚语上敬天威，下接地气，是劳动智慧的结晶，是流淌在田间的诗歌。

一个“春”字实在太过美妙，中间一个屯（村），太阳从地平线上缓缓升起，小草从封冻了一季的大地下破土而出。“欣欣此生意，自尔为佳节。”一个字、一株草、一滴水，以及生命的每一次微妙萌动，都让我们对渐渐走近的春意产生无限憧憬。

篆书“春“字，清代邓石如书

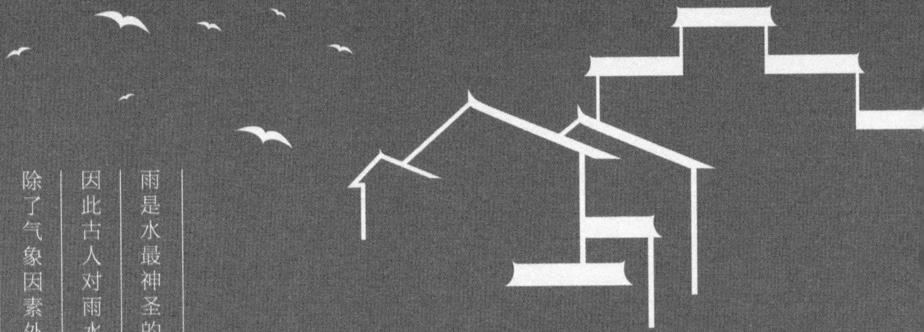

雨水

YUSHUI

雨是水最神圣的一种表现形式，因江河湖海皆有其源，唯雨水从天而降，因此古人对雨水包含着一种崇拜之情……将立春之后的第二个节气称为雨水，除了气象因素外，还有天赐恩泽的传统人文寓意在里面。

当《冬九九歌》唱到“七九河开，八九雁来”的时候，地球离黄道起点只剩下30度的距离，祖国大地上春覆盖的面积已接近100万平方公里。此时苍龙星开始在东方显现，故称“龙抬头”，也预示着万物的兴起。雨水开始湿润大地，明明只隔了一个立春，仿佛就真的变了一个世界，冬天的冻雨变成了春天的甘霖，虽然说“春冷煞犟汉”，但这蒙蒙的细雨已无法掩饰内心的蓬勃，佯装的冷酷已经毫无杀伤力。

雨和水都是象形字，意思相近，但严格意义上来说还是有很大区别的。“水，准也”，本意为河流；“雨，水从云下来”，上面一横为天，下面的框为云朵，比水字更生动。

桑园，江南的森林

雨是水最神圣的一种表现形式，因江河湖海皆有其源，唯雨水从天而降，因此古人对雨水包含着一种崇拜之情。《西游记》第六十九回中孙悟空说：“井中河内之水，俱是有根的。我这无根水，非此之论，乃是天上落下者，不沾地就吃，才叫做‘无根水’。”那时的人们还没有水循环的概念，无根之水因不可知其源而显得神秘威严。可以想象，将立春之后的第二个节气称为雨水，除了气象因素外，还有天赐恩泽的传统人文寓意在里面。

雨水诗词有三绝唱，一为杜甫的《春夜喜雨》：

好雨知时节，当春乃发生。
随风潜入夜，润物细无声。
野径云俱黑，江船火独明。
晓看红湿处，花重锦官城。

二为韩愈的《早春呈水部张十八员外》：

天街小雨润如酥，草色遥看近却无。
最是一年春好处，绝胜烟柳满皇都。

三为陆游的《临安春雨初霁》：

桃之夭夭

灼灼其华

迎春花

与水同色

世味年来薄似纱，谁令骑马客京华。

小楼一夜听春雨，深巷明朝卖杏花。

矮纸斜行闲作草，晴窗细乳戏分茶。

素衣莫起风尘叹，犹及清明可到家。

这三首诗分别写于成都、长安和江南的杭州，说实话，前两首过于遥远，又过于艳丽，江南人在第三首中体会到的，雨水默默穿过寒冬的那丝温暖才最为真切。

诗人关心的是景致里的心情，农人关注的是田野里的长势。我们普通人在雨水时节与时间赛跑，老夫妻们一搭一档嫁接小桑苗，一个“批节条”，一个“插扦头”，基本没有沟通的空闲，他们必须赶雨天在家里完成嫁接的工艺，再趁晴天完成田里的扦插。清明前完成小桑苗嫁接，五一前完成菊花苗种植，就像北方人管理麦苗一般，地不能误天，人更不能误地。

雨水时，“二十四番花信”已开到第十朵。旧时人们大多基于食用或入药而去了解它们的名字，现代人拨弄花草有了比古人更科学的方法。但即使如此，“二十四番花信”中还是有许多不为现代人所了解的知识。唯雨水不同，一候菜花，二候杏花，三候李花，皆是房前屋后的家常品种，千门万户无人不识。人有心机，所以对美的表达各有心思，有出水芙蓉，有庸脂俗粉，有小家碧玉，有东施效颦；植物则相反，适自然而生长，福严渡的油菜花，鲇鱼兜的乌桕树，紫竹园的桑叶，天花荡的野草，只有形式之别，而无高低贵贱之分。古人说“素以为绚”，对花来说，能盛开的便是最美的。或许，正是因为第一场雨水对草木萌发的重要性，大自然才刻意安排了与人们生活最贴近的三种花儿此时在屋边开放。

“二月二日新雨晴，草芽菜甲一时生。轻衫细马春年少，十字津头一字行。”农历二月初二，一般在雨水的尾巴上，桐乡人有在这一天吃萝卜的习俗，此时的萝卜生长已到尽头，糖分转化达到高峰，即将开始纤维化，加上此时一丝寒气尚存，故不能错过了最后一拨吃萝卜的时机。

为了迎接一年中的第一缕春光，以前的老师们会带领孩子走出青砖平房的校舍，穿过桑林竹岗，走过小河石桥，到集镇上看一场简陋的电影。然后在东风微醺、菜花星星点点的泥路上，花一个下午的时间游荡，不错过任何一处春天的记号，回家放下书包，春天的香味和灶头的热气融合在一起。

獭祭鱼，候雁北，草木萌动。

食物链和生态重新展现出运动的姿态。

獭祭鱼与鱼陟负冰形成了一个时间上的完美对接，河面冰开为水獭捕鱼创造了有利条件。猫了一个冬天的水獭面对春水中的鲜鱼，早已按捺不住激动的心情。但即便如此，在捕到鱼

早　晨　的　乌　村

之后，水獭还会花一些时间将成果在河滩边陈列排开，就像小朋友们面对桌子上的彩虹糖和果冻犹豫着先吃哪个一般。古人认为："自然人谋合，盖一体也。人谋之所经画，亦莫非天理。"食物链的每个环节都包含着这样的天理，因此人们把水獭摆鱼的现象看作一个必不可少的礼节。对许多江南人而言，水獭是一种有些陌生而又十分神奇的动物，相传水獭捕鱼，只需在水边挥挥爪子，鱼儿便会像被点了穴一样游不动了。如果哪户人家里收藏了一只风干的水獭脚，更是视若珍宝，一般不轻易示人。相传，如果有人卡了鱼刺，只要拿水獭脚在脖子上抓几下，鱼刺便会自动脱落。人们坚信，双方虽已从生命化为物品，但相生相克的原理依然持续。许多不可思议的事情，正

浸　在　水　里

因为没有见过，才让人深信不疑。

大雁与鹰隼作为物候中出现次数最多的鸟类，其行动比家喻户晓的燕子更加稳重。在 9 月上旬的白露开始飞往南方，至 10 月上旬的寒露最后一批起身，1 月初的小寒又启程返回北方，在雨水刚刚滋润江南大地的时候，大雁们就陆陆续续地回来了。四个节气，分批进行，先后有序。后来者在一地待不多久，前行者又要起身赶往他乡，它们一生都在追赶寒来暑往，大部分时候都在奔波的路上。朱自清先生说：“为什么偏要白白地走这一遭啊？”从大雁的往来中，也许可以找到答案。

关于草木萌动，有人说“草树知春不久归”“草木有本心”，但人们永远无法知晓其心情，只能记录其习性。何时发花，何时展叶，何时结实，哪个好雨，哪个喜阴，只通过无声的花叶枝干传达给懂它们的人。春风吹，雨水润，赖于此生存的植物在风雨的呼唤下开始了新一年的生长，人们的心情亦受其影响。只是植物的萌动与动物不同，动物体现为奔跑跳跃，植物则更多是色彩的晕染，且与雨水一样，总在无声无息之中进行，任你瞪大眼睛也看不见它的动态。闭上眼在春雨中入眠，一觉醒来，新绿已在窗外蔓延，细小的力量所积累的震撼在不经意间再次展现。

雨水下雪的可能性并非没有，只是在江南极为少见。20 多年前就有过一次，2 月下旬的一场春雪将刚刚嫁接等待破土的小桑苗冻了个正着。所以被诗人看作美景的“白雪却嫌春色晚，故穿庭树作飞花”，对农作物的生长却是十分不利的，它既妨碍了生命的生长，又违背了季节的正气。当然，春雪虽扰人，毕竟如少年的烦恼，来得快去得也快，转瞬间就消失在无边的春色里了。

雨水无声，悄悄地点染着江南的姹紫嫣红。

惊蛰

JINGZHE

惊蛰，名字取得真好，一动一静，一快一慢，就像河边第一朵开放的花，不知何时突然有了色彩……色彩由浅黄到嫩绿，由嫩绿到朱红，如五彩斑斓的童话；气温由乍暖还寒到暖气氤氲，如渐趋醇厚的米酒，散发着难以抵挡的香味。

“今夜偏知春气暖，虫声新透绿窗纱。”当河滩边的虫鸣声在静谧的春夜里透过木头纱窗传到少年的耳边时，母亲们正在想着明天要给孩子们换一床薄一点的被子。千呼万唤的春天终于在最不起眼的小虫的呐喊声里正式到来。

惊蛰，名字取得真好，一动一静，一快一慢，就像河边第一朵开放的花，不知何时突然有了色彩，与“风乍起，吹皱一池春水”可谓异曲同工。此后的一候又一候，色彩由浅黄到嫩绿，由嫩绿到朱红，如五彩斑斓的童话；气温由乍暖还寒到暖气氤氲，如渐趋醇厚的米酒，散发着难以抵挡的香味。

早些时候，惊蛰称为启蛰，到西汉时，因为汉景帝叫刘启，为了避讳，启蛰便被改为了惊蛰。这事是古人常做的，如康熙一上任就把与他祖父皇太极年号重合的崇德县改成了石门县。但对节气来说，你改你的名，我依然吹我的风、下我的雨。

立春二候蛰虫始振，惊蛰时蛰虫才真正起床，前者是睡眼蒙眬，“因气至而皆苏动之矣”，相当于太阳还未出时赖在暖暖的被窝里伸伸腿脚；后者则是阳光已透过窗帘，微微熏暖了被面子，使之不得不起床开始一天的工作。许多上班族从苏醒到钻出被窝，需要三四

爷爷小时候
的七石缸，
与春天
相约百年

遍闹钟的时间，虫子从“动而未出”到“二月大惊而走”，则需要一个月的时间，这样算来，相当于人的整个少年时代，所以我们比虫子有更多领悟生命成熟的时间，若不珍惜，则与虫何异?

“微雨众卉新，一雷惊蛰始。”惊蛰雷声对我们有着极其重要的意义。“惊蛰雷声响，稻谷堆满场”“雷打惊蛰前，四十九天雨绵绵”“雷打惊蛰后，低田好种豆”“惊蛰打雷不算奇，春分有雨病人稀”，等等。惊蛰的雷声决定了天气的走向，也影响着作物生长，当然

这里的惊蛰并非特指惊蛰当天，但一定要过了这个时间点，响起的雷声才会被认为是正常的。惊蛰夜半闻雷，人们兴奋地在第二天奔走相告："昨夜打雷了。"气温也随着雷声轰响的频率不断攀升，"一场春雨一阵暖"，春雷为春雨的催暖功能配置了涡轮增压。

桃始华，鸧鹒鸣，鹰化为鸠。

春天的颜色真的艳丽起来了。

桃花的娇艳可爱使其稳坐春花里的第一把交椅。华即花，惊蛰初候桃花开始盛开。农民并没有为装扮而刻意去种下桃树的心思，他们种桃树可能是因为正好有一块空地，也可能是因为桃树苗易成活，亦可能是期望在夏季吃到桃子这样单纯的理由。房前屋后河滩边随意种下的一两株桃树，成全了许多爱美之人。徐俯说"春雨断桥人不渡""夹岸桃花蘸水开"，将雨后初霁被桃花掩映的村庄的温润写到了极致。江南人将桃李之类花鲜果香的树木称为花果树，并对其有着极其敬畏的态度，认为非必要不可修剪，若要修剪或移植，仅限于清明节和七月三十方可进行。可惜桃树的寿命都比较短，几经寒暑，遂成枯落。花儿更甚，从"桃之夭夭，灼灼其华"到"瓣瓣零落尤可怜"，只在一夜东风后，是与物候变化最相衬的意象。

鸧鹒就是黄鹂，一种既给人带来欢快又让人生出春愁的鸟

黑瓦白墙与油菜花

儿。“溪上桃花无数，枝上有黄鹂”，在为春景轻唱；“打起黄莺儿，莫教枝上啼，啼声惊妾梦，不得到辽西”，亦在春景中纠结缱绻。黄鹂又称黄莺、黄鸟、黄袍、黎黄等，《诗经》中所说的“睍睆黄鸟”“交交黄鸟”指的都是它。在春天里唱歌的鸟儿有许多种，数黄鹂最富有代表性，一则古代文人的吟咏使其名声大振；二则适宜各类人群，如果燕子代表寻常百姓，鹦鹉代表官宦富豪，那么黄鹂便是雅俗兼备的脱俗好鸟。

老鹰在惊蛰三候第一次作为物候出现，刚出场时比较低调，

水乡红梅蘸水开

这是因为它们还不具备搏杀的能力。因为“仲春之时，林木茂盛，又喙尚柔，不能捕鸟”。也就是说新生的鹰隼嘴和爪子还比较嫩，都躲在林荫深处休养生息。而此时，布谷鸟开始出现在人们的视野里，人们便以为鹰都变化成了鸠。古人说：“化者反归旧形之谓，故鹰化为鸠，鸠复化为鹰。如田鼠化为鴽，则鴽又化为田鼠。若腐草为萤、雉为蜃、雀为蛤，皆不言化，是不再复本形者也。”意思是说，在当时的普遍认知中比较容易接受的转化（如鹰与鸠的转化），称之为化；如果转变进入了不可思议的范畴（如湿草变成了萤火虫），则不能称之为化。就如某人的脾气由狂傲变得谦逊，可称之为变化、感化；倘若成了死人，就突破了变化的范围。这也许是人们对于量变与质变最早的一种诠释吧。

花朝节是一个古老的节日，早在宋代《梦粱录》等书中就有记载，俗称百花生日，又称花朝月夕，光听名字就让人怜惜。当然也是一个早就没有了仪式的节日，现在只有上了年纪的江南人才知道百花生日这个说法。花朝节在各地时间不一，北方常为二月初二，也有二月廿二，在江南为二月十二。在惊蛰时，百花的盛开与虫子的苏醒和天气的转暖一同进行着。袁宏道在《满井游记》中记载了花朝节后北京郊外的景色，虽然地域有别，但农村的景致仍使人感到亲切："高柳夹堤，土膏微润，一望空阔，若脱笼之鹄。于时冰皮始解，波色乍明，鳞浪层层，清澈见底，晶晶然如镜之新开而冷光之乍出于匣也。……柳条将舒未舒，柔梢披风，麦田浅鬣寸许……"在节气的调和下，江南的初春何尝不是这个样子。

有人说，艳遇一个地方胜过艳遇一个人，因为那人走了，那地方还在。其实艳遇一个季节，更胜过艳遇一个地方，那地方征迁了，那季节依旧如期而至。

如果偶发气候异常，万物便会焦虑，气象台的朋友打来电话说："准备好，今年惊蛰气温会冲上 27 度。"还顺带说了句：“春天走得太快了。”本来以为“二月春风似剪刀”，没想到“二月春风是铡刀”，咔嚓一下将春天铡去了一大半。这让脱棉毛裤动作比较慢的人没有防备，也让还没做好充分舒展准备的植物花草们被逼着憋足了劲往外冒。没有办法，即便是天气的错，它们也无法反抗，只能提前开花结果了。

春分

CHUNFEN

四季轮回，周而复始，亘古未变。绿树浓荫的明天是枝叶渐黄，大雪纷飞的尽头是草木初生，所以人们更熟知的成语是物极必反。春分，便是以年为单位的最完整周期的起点。

春分始正

“天道周星，物极不反”，说的是一个朝代一旦分崩离析，就不会再有重生的可能，即便是复国，那也是另外一个世界了。而与人们关系最密切的季节，与人世全然是一种相反的状态，四季轮回，周而复始，亘古未变。绿树浓荫的明天是枝叶渐黄，大雪纷飞的尽头是草木初生，所以人们更熟知的成语是物极必反。春分，便是以年为单位的最完整周期的起点。

“正阴阳适中，故昼夜无长短云。”春分，地球圆满完成了一年的公转任务，太阳到达黄经 360 度，

去外婆家的路

与午夜24点就是0点一样，360度就是0度，太阳光从南回归线折返后直射赤道。理论上讲，此时白昼与黑夜的长短均分。一切归零，一切从头开始，因此春分也可以说是一年真正的开端。

这正如我们开会，立春的萌动是与会人员签到，雨水的淅淅沥沥是暖场的宣传片，惊蛰的隔夜春雷是主持人的开场白，有了这一系列铺垫，春分作为第一项议程才正式进入季节大会的流程。从物象上看，也只有春分时，自然界才真正展示出万紫千红的春天符号，檐下归燕、河边新柳、陌上繁花，达到了早高峰的状态。

石 埠 、

青 苔 和 雨 ,

最 柔 和 的 江 南 意 象

江南人对于春分，应该最有发自内心的共鸣，江南一夜的春雨，使窗外多少万紫千红飘落和盛开，家门前的那座小石桥也被桃花扰乱了心绪。有人在河边漫步，有人在窗前伫立，无论是雨还是晴，都挡不住春意的扑面而来，好心情被共享，坏心情被稀释。

人们可以抱怨天气的无常和工作的“压力山大”，但绝不会嫌弃春意的浓淡，因为每个生命都在此时用最纯真的状态展现出最向上的一面。有时，我们会说没有时间去留恋这春天，其实，这春天不是用来留恋的，而是对人们千百年来改造和适应自然的一份总结，是要带上心灵去解读的。

《冬九九歌》的尽头是春分，最后两句说：“九九加一九，耕牛遍地走。”意思是冬至后九九八十一天，再加上九天，即到了春分节气，春寒到此基本结束，农田里呈现出一番生机盎然的繁忙之景。桐乡没有耕牛（至少近几十年没有），但是那一犁膏雨、农夫村外的画面感是一模一样的，春意赶着农民开始劳作，“九九数来无可数，都将犁耙去耕田”。

催促生产的同时，春分也开始化解闲人的闷愁，《宋诗钞》编者之一吴之振当年退隐于崇福的黄叶村庄，面对春分的暖意，不禁感叹：“九九已过残腊尽，更番花信数春风。”惆怅的心情被春风所化解，官场的烦思被花信所替代。从田间的绘画者到诗意的传承者，千百年来，人们从未放弃过春分起跑的希望，也从

大 自 然 的 各 种 符 号 开 始 在 檐 前 堆 砌

福 严 渡 口 的 桑 树 ， 喜 欢 蘸 着 水 面 开 放

未打乱过起跑后一步一个脚印的节奏。

春意勃发之时，也是诗意勃发之际。若要从历代诗歌里找出描写春分的句子，怕是群英乱飞无从下手。当然，春天也因这些点睛之句的存在而更加直击人的心灵。志南和尚说“沾衣欲湿杏花雨，吹面不寒杨柳风”，仅凭几个字就将人带到了那个杏花烟雨的江南小村；于良史说“掬水月在手，弄花香满衣”，春夜的静空香韵穿过千年扑面而来；孟珠说“阳春二三月，草与水同色”，草是绿的，水是绿的，风也是绿的；高鼎说“儿童散学归来早，忙趁东风放纸鸢”，放飞的是大人们最难实现的心愿；张良臣说“一段好春藏不尽，粉墙斜露杏花梢”，比一枝红杏更加安静地聆听春天的声音……

当年，关于最初的二十四节气的正规文字记录大部分是官方制作，服务于天子贵族的各种仪式，顺带指导农事的开展，但因为有了这些诗的存在，其中那些过雅和过俗的言语才得以被传递成更加生动的生活符号。

玄鸟至，雷乃发声，始电。

天地似乎下了一声号令：预备，跑！

玄为黑，玄鸟就是黑色的精灵——燕子，亦称元鸟，是最有人情味的鸟儿。“无可奈何花落去，似曾相识燕归来”，每年春暖花开，燕子都会按时回到去年的人家，在旧窠里重新觅食、育儿，热闹地穿梭于梁檐、树梢、湖面与电线杆之间。“檣燕呢喃，梁燕呢喃”，留恋江南的物语，让人惆怅；“燕燕于飞，差池其羽。之子于归，远送于野”，让惜别之人多了一份深情。其实，在现代人看来十分亲和的燕子，其传说却是非常传奇的。相传商代的始祖阏伯即是简狄吞服了玄鸟蛋所生，故《诗经》有“天命玄鸟，降而生商”之句。千百年后，当年与贵族们同进同出的王谢堂前燕，早已飞入了寻常百姓家。当孩子们唱着“小燕子，穿花衣，年年春天来这里”的时候，燕子们在春天的枝头，迎着春天的一缕阳光，不知人世间发生过什么。如此简单，如此真实，如此动人。

按照七十二候的规则，春雷应当在春分二候时“乃发声”，但江南在黄河以南近两千里，春来得早一些，惊蛰才是春雷开响的准确时节，所以关于春雷的谚语与春分无关。但真正听到雷声的机会在惊蛰之后更多，特别近些年来，夏天的暴雷变多，春天的惊雷变少。古人对雷的产生有着科学与玄学双重的猜测，称“阴阳相薄为雷”，在他们的算法中，万事万物几乎都逃不出太极两仪八卦的种种解释。

春分时的雷电，以雷为先，极少见雷声响起闪电同时劈到地上的景象，只有到了炎热的夏天，雷电才会让人躲之不及。很多老人认为电在先，因为先看到，雷在后，因为听到晚，有点像“两小儿辩日”。可惜的是，诸如此类小时候都能解释的道理，许多人在长大和知识的不断丰富之后就忘得一干二净了。

春分的物象，除了桃花的娇艳，还有麦苗的青绿，农人说“春分麦起身”，文人说“三月轻风麦浪生”，有起身的姿态，才有麦浪的动态。春分时麦子即将进入成长期，加强肥水管理，对拔节起着关键的作用。当然，江南的主粮是水稻，麦子更多是种粮大户冬季利用闲田的一种方法。

除此以外，还有一种绿色，更加不能在春天尤其在江南的春天里缺席，即所谓“无杨柳，不江南”。“西湖景致六吊桥，一株杨柳一株桃”，是多少人心中完美的江南春景。杨柳这种看似普通的植物，在中国人的心中，有着极其重要的位置。古人折柳送别更是流行千年，除了“柳”与“留”音近之外，还用“无心插柳柳成荫”的强大生命力来寄托亲人在他乡生存或创业的成功，这与老话所说的“杨树丫杈槿树根”包含的道理几乎一样，种到哪里，生长到哪里，茂盛到哪里。它也正因强大的生命力，才有了“杨柳堆烟，帘幕无重数”的宏阔与深度。

“夜半饭牛呼妇起，明朝种树是春分。”这种平实景象背后隐藏着多么强大的力量！许多时候，我们感慨和怀念那些熟悉的景物，并不是刻意寻找过去的陈旧，而是不忘那一份清澈如镜的初心。即便在这纷繁的世俗中，我已不再是当年的我，但我的心底应当依然有着系马高楼、对酒当歌的情怀。

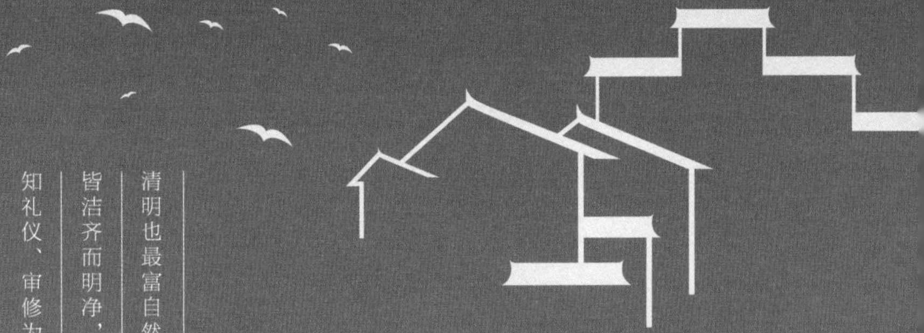

清明也最富自然意义……此刻天地万物经过冬的洗礼和春的重新萌发，皆洁齐而明净，穿梭在繁花似锦的世界里，为读天地、应时节、学躬耕、知礼仪、审修为提供了一种极温和的天人合一的环境。

清明

QINGMING

二十四节气中，清明最富人文意义，它把中国人对于生死的哲学和人生的意义推向深层。余世存说：“清明，时万物皆齐洁而清明，此时气候处在气温不断上升带来的光明、温暖和雨水中，君子应以议德行。”看来享受的最佳时间，便是反思的最佳时间。清明也最富自然意义，除了令人舒适的温度之外，它还把春天的色彩推向最亮丽的境地，等待谷雨暮春的繁花落幕。此刻天地万物经过冬的洗礼和春的重新萌发，皆洁齐而明净，穿梭在繁花似锦的世界里，为读天地、应时节、学躬耕、知礼仪、审修为提供了一种极温和的天人合一的环境。

清明本来只是一个普通的节气，但是经过千百年的演变，吸收了另外两个节日，而成为一个特殊的时间点。这两个现代已基本消失的节日分别是冬至后105日的寒食节和农历三月初三的上巳节。寒食源于介子推的传说，唐代孟云卿诗云：“二月江南花满枝，他乡寒食远堪悲。贫居往往无烟火，不独明朝为子推。”寒食便是禁火冷食、祭扫坟墓的返本归宗节。上巳节则是少男少女相约游春的情人节，这样美好的天气，除了追思，更适合恋爱，所谓“三月三日天气新，长安水边多丽人”，借着水边祓禊除灾的习俗交流焕发的春心，所

昨夜村边春水生

以我们现在所说的中国情人节应当是三月初三而非七月初七。

随着文化的演进，寒食节被定在清明节前一天，成为清明节的附属，巧合的是，桐乡人上坟祭祖确实不在清明当天，而在前一天的寒食节，称之为“清明夜”（清明夜不是指清明前一天的夜里，而是指清明前的一整天），与这个节日的本意不谋而合。时至今日，怀春之游、祭祖之思、清闲之步已完全融为一体，成为春和景明、暖意融融的一段美好时光。

清明的美食有三大件。

一是粽子，端午粽子三月尝，在外地人看来是一件稀奇之

本应在端午节的粽子提前到了清明

野菜野草在季节的抚摸下成为美食

事。人们在端午节基本没有什么活动，把吃粽子的时间前移到了大如年的清明节。包粽子需用箬叶，在一些村坊的屋前屋后经常可以看到一根根的箬竹，与普通的竹子全然不同，其形状和香味似乎天生就是为包粽子而生。包粽子是一个技术活，要包出起棱起角、身材匀称、有卖相的粽子，绝不是短时间能学会的，这也是旧时衡量姑娘、嫂嫂手巧不巧的一个标准。

二是甜麦塌饼，它的秘诀在于发芽的麦子和草头（白胡子草）这两样东西，虽然没有多少营养，却以口感独特招人喜爱。东部的甜麦塌饼一般有馅，西部则无馅。现在这个小饼子的风头似乎盖过了粽子，每年清明节前后都会举行各种制作比赛，并衍生出许多新做法，但万变不离其宗，芽麦和草头始终缺一不可。早些时候，清明期间的一周像过年一样，人们要一家一家地走亲戚，一上门，主人便会端上粽子和甜麦塌饼，吃的人会说“这个粽子样子好来”“甜麦塌饼有样子来”之类的客套话。甜麦塌饼和粽子都是比较耐饿的食物，不难看出，这是源于春季农忙顾不上烧饭而产生的美食。

三是清明圆子，比乒乓球略小些，无馅，分青和白两种，青的是和了草头的，四个一叠，一上三下放在箬叶上，主要用于供奉菩萨，年轻人喜欢吃的不多。西部一带制作清明圆子比较考究，手巧的人还会附带做鱼和元宝之类的造型，讨个好口彩。

有了三大件，就有了清明最庄重礼仪的物质载体。这个最庄重的礼仪便是上坟。在清明的前一天，上午在家里按照过年的程序，该请的请该拜的拜，下午就开始上坟了。

上坟听起来应该是有点悲伤的事，其实对多数人家来说全然不是，正如丰子恺先生在《清明》一文中写道："于是陈设祭品，依次跪拜。拜过之后，自由玩耍。有的吃甜麦塌饼，有的吃粽子，有的拔蚕豆梗来做笛子。"

以前没有公墓地，每个村都有一个坟场，名字常为密竹岗、坟漾潭等，周边往往长满了柏树、木槿和野草，是老人和风水先生精心挑选的土地，村上的祖先几乎都在这里。坟地至河滩常呈一坡地，河边有高大的水杉，一河春水就在它的脚下，安静得连树上的鸟粪落在水面上的声音都能听见；河边的浅水里生着许多螺蛳，那是专属清明的美食；桑树的青芽包裹着一股旺盛的生命力使劲地往外冒，几棵火桑上长满了一层层的黑木耳；柔软的野草布满整个河滩，肥胖的黄蜂伏在星星点点的菜花上，发出"嗡嗡"的轻唱；荠菜三角形的叶子和白色小花，在无边的绿色中并不显眼，却招人喜爱；蓬松的泥土也是异常的醇香，天气好得想让人在地上躺下来，春天的气息把你身上的每个毛孔都抚摸得无比舒适。从刚睡醒的小虫子到万紫千红的花草，都被这股又浓又清的景色包裹在里面了。

小孩子们蹦跳着跟着父母或爷爷奶奶去上坟，路上和相遇的人打个招呼；若有所思地在坟前作个揖；帮着大人添土和摆放一个个土升箩，然后开始剥粽子吃，或者比一比谁找的蚕豆耳朵又多又大……

清明是一场无声的大会，活着的人以自己的品行向祖先作一次汇报。

清明是坟前的一炷清香，让人的思念在安静升华。

清明是一只包好的粽子，清新香甜，沁人心脾。

清明是春天里的一只风筝，在田野上放飞着新的希望。

完成上坟的重要任务后，人们的脚步就开始变得轻松而明快。因为离饲养春蚕的时间不远，所以许多清明的活动围绕祈愿蚕茧丰收而进行。在这些形式各异的活动中，数两个地方最有名。

先是双庙渚。有诗云“赛会芝村远近闻，各装双橹载如云。来随阿母龙船庙，讨得蚕花廿四分”。随着近年清明节蚕花活动的重新兴起，清河村双庙渚的名字逐渐被更多人知晓。双庙渚，与东西向的关财桥港和洲泉港相距 200 多米，与南北向的圣塘港交叉，形成了两个漾潭，分别称为南北金三漾，旧时漾中有小洲，两个漾潭之间建有双庆寺。其实此处本没有寺，只有两座小庙，分别是河东的顺和庙与河西的贵和庙，故得名双庙渚。本来，这样的小庙登不上大雅之堂，附近规模最大的寺庙是“江南三庆”之一的顺庆寺，但顺庆寺已随着长山河的拓宽了无踪迹。于是，人们重新选址在清河双庙渚，将两座庙合二为一，建了现在的

一个月的等待，就为这一天的锣鼓喧天

双庆寺。双庙渚蚕花盛会，便于清明在双庆寺前举办。春风和煦，杨柳依依，两岸的人们都伸长了脖子注视着河面，洲泉的各个村都组建了龙舟队，在那天开展划龙舟比赛，同时漾中间马鸣高杆船表演着惊险的空中绝技，新寺、老树、活水和现代人，在这些重新复活的民俗中享受着各自的愉悦。

还有含山。含山有许多故事，单说清明去含山轧蚕花就是一段诗意的旅程。早时候走的是水路，挂机船从石门湾的堰桥浜驶入沈店桥港。河两岸泊着的水泥船，杂而不乱的皂荚、香樟和乌桕，岸侧人家斜栏里的鸡和狗，洗衣的村女，晒着的衣裳和被褥，临水的竹、浮萍和游鱼，大楝树上高挂的乌鹊巢，映入船舱的精致而伟岸的石拱桥……穿过五泾之后，进入珙田漾，水面开阔，点点沙渚，芦苇如帐，便看见了细如针尖的含山塔。山上人声鼎沸，风灌进树林，一山的葱茏，兴致勃勃的登山者和手捧蚕花挺胸后仰的归客在台阶上摩肩而过，脸上写满了欢乐，含山也在这一天表现出了她恩泽四方的魅力。

桐始华，田鼠化为鴽，虹始见。

在最艳丽的色彩里走向暮春。

地处江南的桐乡为梧桐之乡，梧桐是桐木的一种，当地人称其为青桐，虽然“桐始华”的物候里开花的是泡桐，但均属于古人所说的桐木。而且泡桐树也是梧桐之乡的一大特色，许多老村落的桥头和河滩边，经常可以见到高大的泡桐树，在暮春时节顶着一树繁花扑向水面。泡桐木质疏松，生长速度快，花朵比梧桐树更加绚烂。“梅叶阴阴桃李尽，春光已到白桐花”，说的就是泡桐花在晚春开放的景致。因此从某种意义上说，梧桐是桐乡的标志，泡桐是桐乡的方言，“桐始华”是用方言交流的文化之约。

随着防治技术的普及，田鼠也渐渐成了一种罕见的动物。古人认为，阴阳之气的衰盛，必然导致阴阳之物的转化，清明阳气渐长，故避人耳目的田鼠变成了鹌鹑鸟。其实用最简单的道理解释，就是动物为了适应环境的变化或藏或现的状态，只是古人用主观的想象赋予了它们复杂的变换。

因为春天，
上坟竟成为一件开心的事

司马桥头，城南旧院

虹现于四月中的清明末，藏于十一月中的小雪，历时半年有余，但真正能见到它身影的机会却没有几次。许多江南人称虹为鲎，《诗经》称其为䗖蝀，所谓“䗖蝀在东，莫之敢指”，古人把虹看成一种动物或者是忌讳之物，认为它常带着不祥之兆，这与现代人看见彩虹便急切地发朋友圈的态度有着天壤之别。

桐乡人说清明诗词，可以不说“牧童遥指杏花村”，也可以不说“轻烟散入五侯家”，但绝对不能不读丰子恺先生的两首《一剪梅·清明》。词云：

佳节清明绿化城，草色青青，树色青青。室中也有绿成荫，窗上花盆，案上花盆。　　日丽风和骀荡春，天意和平，人意和平。人生难得两清明：时节清明，政治清明。

寒食清明放眼看，春满江南，万卉鲜妍。乍晴乍雨好耕田，沃野连天，麦浪无边。　　壅土施肥谷雨前，岁岁争先，岁岁丰年。平凡劳动着先鞭，越是平凡，越是尊严。

这两首词分别作于1958年和1959年的清明节。前一首起笔如“昨夜雨疏风骤”般女儿家的小令，充满了生活情调，越往后，意境越开阔，最后不说“人生正值两清明”，而说“人生难得两清明”，表明了一种超然的人生态度。

而在后一首里，我们可以看到江南清明时节的三点动人之处：一是两个层面的翻天覆地，首先是自然界的翻天覆地，万象更新，百花争艳，桃红柳绿，迎来春色换人间，万物充满了勃勃生机；其次是社会环境的翻天覆地，先生目睹了中国从一个千疮百孔的旧社会更迭到生机勃发的全新时代，长期的战争结束之后，兵气销为日月光，和平的农村慢慢呈现出她原有的风景与节奏，在没有烽火硝烟干扰的无边春色中，即便还没有那么富有，也是十分令人幸福的。二是江南农耕的景象，乍晴乍雨、万卉鲜妍、沃野连天、麦浪无边，耕田、壅土、施肥，将江南农村三月的天气清新、万物蓬勃、人民勤劳及风调雨顺描绘得如在眼前，一幅春天的江南农耕图跃然纸上，让踏春人为之心动，让劳动者为之感动。三是平凡的伟大，不说这个世界如何美丽，不评价政治如何光明，却说越是平凡，越是尊严，着眼于最平凡的人和事，说出了许多人不屑于说或不敢说的话，将对伟大一词的定义落到了最底层，这种接地气的艺术表达也成就了丰子恺艺术的源远流长。

还有丰子恺先生的父亲丰鐄为清明所写的八首《扫墓竹枝词》也值得一读。诗曰：

别却春风又一年，梨花似雪柳如烟。
家人预理上坟事，五日前头折纸钱。
风柔日丽艳阳天，老幼人人笑口开。

三岁玉儿娇小甚，也教抱上画船来。

双双画桨荡轻波，一路春风笑语和。
望见坟前堤岸上，松阴更比去年多。

壶榼纷陈拜跪忙，闲来坐憩树阴凉。
村姑三五来窥看，中有谁家新嫁娘。

周围堤岸视桑麻，剪去枯藤只剩花。
更有儿童知算计，松球拾得去煎茶。

荆榛坡上试跻攀，极目云烟杳霭闲。
恰得村夫遥指处，如烟如雾是含山。

纸灰扬起满林风，杯酒空浇奠已终。
却觅儿童归去也，红裳遥在菜花中。

解将锦缆趁斜晖，水上蜻蜓逐队飞。
赢受一番春色足，野花载得满船归。

清明的榨菜，
是接下去的一年里
最百搭的美食

当然，清明不能光沉浸在诗词里，现实中的农事更重要。

此时蚕未养，麦未收，稻未种，起榨菜更是一项重要农事，榨菜一般都套种在桑树地里，产量极高，论担收购（1担即100斤），曾是江南一些地方引以为傲的特产。与其他复杂的农事相比，种榨菜的技术相对简单，但起收和运送拼的是体力，或许人们已习惯了这种特殊的蔬菜在清明前上演收割的场景。一则补贴经济来源，二则为接下来一整年自家的餐桌上提供一种百搭的食材。

“三月三，鳢婆上岸滩”，鳢婆这种小鱼在清明会出现在清澈的水域中，其肉质细嫩鲜美，味道远在立夏三鲜之上。“鳢婆炖（蒸）蛋”是旧时桐乡名菜，人们捉鳢婆也只在农历三月份，因为它露出水面的时间很短。“四月四，鳢婆退落水”，要见它们，只能再等上一年。“清明芋艿谷雨薯，寒露油菜霜降麦”，这句话将四种作物的播种时间段概括得有滋有味，对农民来说，这十四个字的实用性远远超过专业的说明书。老百姓的衣食所需和劳中作乐，几乎都藏在这些古老的谚语之中了。

歌曰（《荷塘月色》曲）：

听一夜春声 / 细雨流光 /

那一阵杨柳风 / 皱了池塘 /

杏花村依旧 / 烟雨微茫 /

寻菜花最深处 / 摇曳的红裳 /

三四点碧苔 / 茅檐青黄 /

燕子来时新社 / 入对成双 /

江南草木长 / 你在远方 /

弹一曲《蝶恋花》/ 是谁在轻唱

古老的运河 / 染绿了村庄 /

走过春秋冬夏 / 四季芬芳 /

斯人已远去 / 新人入厅堂 /

犹道清明最思量

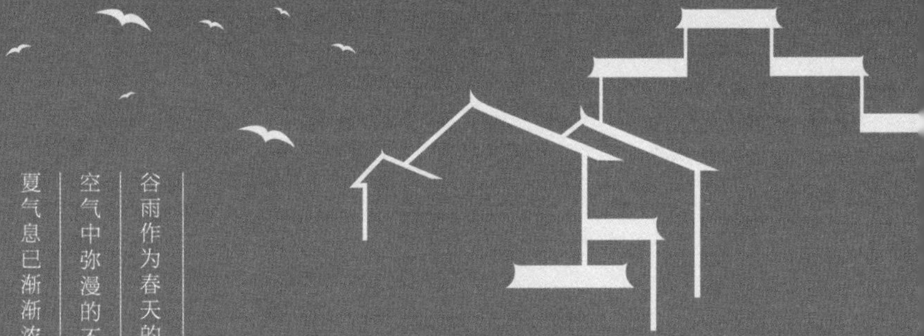

谷雨

GUYU

谷雨作为春天的最后一个节气，其花信的结束，也意味着春天的尾声，空气中弥漫的不再是春的慵懒。特别是偏南的长江流域，略带浮躁的初夏气息已渐渐浓郁。

“桃花落尽李花残，女伴相期看牡丹。二十四番花信后，晓窗犹带几分寒。”这是宋代诗人何应龙写于谷雨时节的句子。所谓“二十四番花信”，是指从小寒到谷雨的8个节气，每个节气会有3种花相继开放，其中春天的6个节气就包含了18种。当然，像牡丹这样的天香国色，老百姓大多数无缘赏识，倒是它的近亲蔷薇月季之类，常盛开在老屋的腰门边。

谷雨作为春天的最后一个节气，其花信的结束，也意味着春天的尾声，空气中弥漫的不再是春的慵懒。特别是在偏南的长江流域，略带浮躁的初夏气息已渐渐浓郁。此时，太阳到达黄经30度，春已覆盖大江南北超过500万平方公里的面积，春天似乎就在这未曾开始的时刻倏然而去了。

谷，初指山谷之意，后与稻谷之谷合为一字，繁体字写作穀，说文解字解释为“百穀之总名，从禾”。在甲骨文中，谷字与现代的简体字几乎一模一样，只不过上面的四点更形象，像谷粒又像雨滴，自上而下落到张开的口中，口字又呈现微笑的曲线，因此，谷雨是谷和雨融为一体的最佳组合。

水满塘，谷满仓，谷雨之雨有着极其重要的意义，继雨水之后为充分激活土壤再次注入动力，舒润孔隙，

新开挖的凤凰湖渐渐有了底色

均衡养分，为种子的发芽打造最舒适的温床。

说起谷雨的声音，大多数人都会想到布谷鸟的鸣叫。它们的叫声像极了催人们播种，布谷鸟也正由此而得名。人们只要听见绿杨深处如此应景的叫声，便知道播种的季节到了。

布谷鸟是杜鹃的一种，又称子规、杜宇。此鸟既可催人耕种，“绿遍山原白满川，子规声里雨如烟”；又可催人落泪，“子规啼，不如归，道是春归人未归”。一眼望去，在水面与树梢之间，可看见鸟儿飞翔跳跃，可听见其叽叽喳喳的声音，但不能过分亲近，永远只能观其形，闻其声，不能如宠物般亵玩。“始知锁向金笼听，不及林间自在啼”，这句诗不单指画眉，更是指所有的鸟儿。这些精灵只负责向人们传递自然的声音，绝不允许其天生的自由受到侵犯。

谷雨最大的变化莫过于颜色的彻底更新。自进入春天以来，自然界穷其所能变换着色彩，所以人们只能用万紫千红来形容。到了谷雨的收官时刻，落花随流水，天地之间只剩下一种颜色：绿，浓淡不一的绿。想那时姹紫嫣红开遍，如今都付于这绿意无边中。颜色的种类变少了，但并不影响季节的色彩，“春风又绿江南岸”未尝不如“千里莺啼绿映红”，“一路青青到永城”未尝不如“万紫千红总是春”。物有本末，事有始终，绿色是春天斑斓色彩最好的归宿。

与此同时，谷雨也是让人们了解万物有始有终的节气。从孔子当年的一段故事中，我们可以参悟其中的道理：孔子的四个弟子谈各自的理想，有人要安邦定国，有人想治理一方，有人欲修理明礼，而孔子最赞成的是“莫春者，春服既成，冠者五六人，童子六七人，浴乎沂，风乎舞雩，咏而归”。个中真意，只有放下杂念与邪念，方可领会。

老人们说：清明断雪，谷雨断霜。这意味着谷雨出现倒春寒的概率变得极小，春寒料峭的季节已过去。从近年的天气变化看，这种基于古老农耕经验的说法还可以改成“雨水断雪，惊蛰断霜”。天气在不断变暖，人们希望四季分明，可现实中却除了冬夏，难再有春秋。再过几天，讨人嫌的蚊虫就会上线，气候平和、无虫无患的谷雨就显得越发珍贵了。

更早的古人说：谷雨下秧，大致无妨。这与当地的农耕存在一些时差。过去20多年来推广单季晚稻，这使谷雨离水稻育秧还有将近一个月；而在种双季稻的年代里，过了清明就要播种，又比谷雨提早了半个月。随着机械化耕作的普及，“一把青秧趁手青，轻烟漠漠雨冥冥”的场面似乎再也看不到了，科学的力量令人惊叹，一天之内，已经是“东风染尽三千顷，白鹭飞来无处停”。效率不单指忙的过程，更是结果。

作为蚕乡，大多数情况下，谷雨准备种田只是少数种粮大户的事，更多的江南人注重的是谷雨后一周左右春蚕的发种。蚕具、蚕房和心情都是新的，虽然已过了“上半年靠养蚕，下半年靠种田”的时代，虽然蚕桑业日薄西山，但村上的妇女们还是盼望着今年有个好收成。她们从母亲手里接过桃花纸和鹅毛掸，这就注定了她们与蚕桑一生的情缘。

除了与蚕结缘，谷雨也是人与人结缘的时节。农历四月初八为浴佛节，正处于谷雨到立夏的交替期，相传为佛祖释迦牟尼的生辰。本地妇女有“三十六岁进佛堂”之说，就是女人到了36岁那年，娘家会买来一只长方形的双层念佛篮，上面用毛笔写“某门某氏”，落款为“信女某某某”，某门指的是夫家的姓，某氏指的是娘家的姓。然后选择四月初八那天，一手挎篮，一手拎着结缘果子到当地的寺刹或者宗教活动场所去结缘。所谓结缘，就是将糖果枣子等分与众人，并带上少量盐和茶叶，置于

斜 桥 曲 径

水 边 的 气 场

食堂的锅中与众人共享。据说食用的人越多，这辈子的功德与人脉便越广。现在的女人往往由其母亲或婆婆代劳完成仪式，之后将念佛篮束之高阁，备30年后之用。

从大众的角度看，谷雨时的气温更适合出游，而且又值五一劳动节，官方便会组织举办美食文化节等老百姓喜闻乐见的活动，人们不分信仰，不分老幼，都可以春天和美食的名义来体验这份愉悦。精神与文化载体的式样在不断变化，这才是真正的与时代俱进、与时节俱进。

萍始生，鸣鸠拂其羽，戴胜降于桑。

水和气之间升腾起一股初夏的温度。

浮萍，感阳气而生。因其飘忽于水面，常被人们当作没有定力或起伏不定的象征，“风吹荷叶在，渌萍西复东”“身世浮沉雨打萍”种种。其实不然，浮萍是江南的水面上最可爱的一种水草，大者如荷钱出水，点缀绿波；小者仅如豌豆，密密麻麻，叶下生根。《月令七十二候集解》称其为“与水相平，故曰萍”，这个说法颇有意思。过去许多人不知萍为何物，皆称其为“藨”，早些时候是四大水生绿肥之一，也是农家养鸭子的天然饲料。但浮萍与水葫芦之类不同，在其他物种争风吃醋抢地盘的时候，浮萍如武侠小说里的剑客，隐逸在村落的石桥之下，“天之沃沃，乐子之无知”。

石门湾边的晨曦

三月中，鹰化为鸠，戾气减弱。古人以为布谷鸟是鸠的一个品种，在谷雨时节最为应景。正如人们在出席活动或约会时，总要整理一下自己的仪表，布谷拂其羽，可能是鸟约黄昏后，可能是整理书包上学去，可能是看到人们农忙不好意思再蓬头垢面睡懒觉……自然生命的背后，我们可以任意想象。

戴胜鸟，因其头上有鳍一样的羽毛而得名。虽然在江南农村很少能见到这种鸟，但这时候正是春蚕“初生蚕子细如针”之时，因此，谷雨第三候虽然没有浮萍那般常见，却是一年中重要的农事标志。

谷雨让诗人的情绪再次涌现，这阳春的歌咏分成了两派。一派是成熟的思考，“春潮带雨晚来急，野渡无人舟自横”“东风莫扫榆钱去，为买残春更少留”……言语之中蕴藏着震撼的力量，仿佛整个春天的退却，为的就是这最后高潮的来临。许多时候，我们常常会对突如其来的雷雨发出过多的五颜六色的警报，这割离了人们与生活着的自然环境之间的关系。另一派是多情的惜春，“风不定，人初静，明日落红应满径”“花谢花飞花满天，红消香断有谁怜”……相比前者，它们少了一份深沉与博大，却多了一份生活的雅致，使得人们对谷雨暮春既怜之惜之，又思之望之。

谷雨春归去，江南草木长，不觉生出逝者如斯夫之感，但听见布谷的鸣叫，看见无垠的绿色，很快就驱散了这失落的念头。窗外，十亩之间，桑者闲闲，勤劳的人们早已放下这低沉的咏叹，开始了新一轮的耕耘。

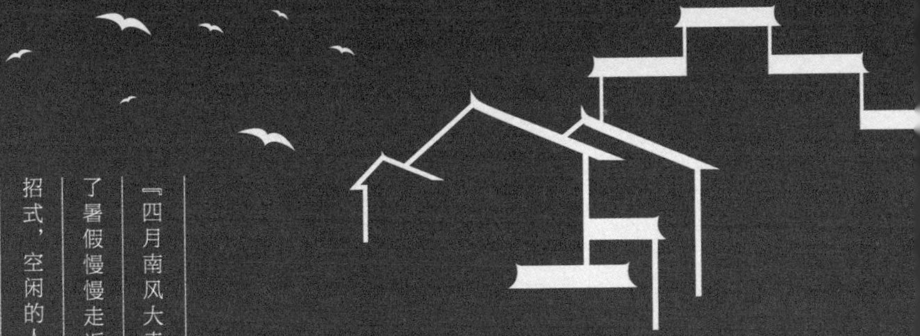

立夏

LIXIA

『四月南风大麦黄，枣花未落桐叶长。』立夏的东南风里，孩童们闻到了暑假慢慢走近的气息，忙碌的人们和渐渐燥热的天气过着养蚕种菊的招式，空闲的人则在绿色的草木间，和时间抢着最后的做野火饭的时机。

经历了杂花生树、群莺乱飞，经历了柳絮杨花、绿肥红瘦，热气开始慢慢围拢，但立而未至，气象学上的夏天并未真正到来。晚春略带潮闷的暖气渐渐被清爽的东南风吹散，桑林长出新叶，此时正宜饲养春蚕。

因冬天寒冷而漫长，开年的第一季春蚕在新的温度中苏醒，一切都干干净净，随便怎么个养法都可获丰产，至于是不是丰收，还要看开秤的价格。

“四月南风大麦黄，枣花未落桐叶长。”立夏的东南风里，孩童们闻到了暑假慢慢走近的气息，忙碌的人们和渐渐燥热的天气过着养蚕种菊的招式，空闲的人则在绿色的草木间，和时间抢着最后的做野火饭的时机。

地处江南的桐乡人有着自己独特的传统风俗，比如端午节全国人民都流行吃粽子，他们却硬是把这个习俗搬到了清明，使其“保质期”大大延长；都说南方人习惯立夏称人（称体重），他们却把它搬到年初七，敢在新年的油腻和棉袄的包裹里上秤，可见他们对自己的体重是非常自信的。当然，那时人们的初衷更多是希望来年更胖一些。

立夏也是有固定食货的节气。要像“清明三大件”一样选出“立夏三件套”，并不是很难：野火饭、灰鸭蛋、麻球。

排名第一的野火饭是立夏永恒的主题，诗云：

青葱豌豆绿裳裳，腊肠咸肉笋嫩黄。
尝遍桐乡烟火味，敢称立夏第一香。

现代人的好奇心越来越重，哪里有灯展，哪里办美食节，甚至哪里豢养个羊驼或有一群漂亮的小猪，哪里就会吊起许多人的热情，使他们千方百计地转发集赞甚至驱车前往，爱热闹的潜力被完全激发。而这些活动中有传承的基础、延续时间最长，又令人感到自由放松的，当数春夏之交的野火饭了。经过发扬，这把原本只在立夏的野火可以从春寒料峭的二月一直烧到骄阳如火的六月，并在十月重新燃起，把如出一辙的美食烧出时间的味道。

敢称立夏第一香——野火饭

做出一顿包含节令、技法与食材等多种元素于一身的成功的野火饭，亦可以提升年轻小伙子在姑娘心中的得分。野火饭，亦称野米饭、野饭、咸饭。顾名思义，火要野的，不能在自家的灶头上烧；更严格一些，米和食材也要野的，不能是自家地里种的，因此旧时烧野火饭是你一把米我一把柴地凑起来（或路边“偷”来），现在因为第二条规则操作难度颇大，所以对食材来源的要求已不那么苛刻了。

野火饭里少不了豌豆。在物资匮乏的年代，有立夏尝三鲜的说法，三鲜即豌豆、春笋和樱桃。樱桃俗称盎子，在河滩边上经常见，娇小欲滴，玲珑剔透，但味道一般。现在有专门种植的比车厘子小一些的中华樱桃，熟透之后倒也可解馋，价格不菲。春笋如今已称不上时令鲜货，过年时就已满地摊都是，到立夏已吃得嘴巴发腻。唯有土生土长的豌豆最不负农时的浪漫，娇嫩低调的藤蔓上，慢慢开出温和而不张扬的花朵，果实、口味、气质远在蚕豆之上，是野火饭食材中的上品。

除了豌豆，不可或缺的还有咸肉。过年时腌制的咸肉在野火饭中最能体现价值。肉腌好后的处理有两种方法，风味截然不同。一种是腌制后一直放在阴凉的陶器中，需要食用时割取，切片放在盆中清蒸。另一种相对常见，即在腌制一段时间后放在阳光下晾晒。两种咸肉各有所长，晾晒的咸肉更香，但容易产生一种“熇辣气”，且因水分风干而肉质太硬。咸肉的用料可以偏油一些，肋条肉、夹心肉均可，烧出的饭更香醇。

一般情况下，以上两种食材为标配，其他则因地而异，常用到的有荠葱、春笋、蒜苗、蚕豆、香肠、莴苣、胡萝卜等。吃过野火饭，炎热的夏季即将到来，相传吃了野火饭可以避免“疰夏”，这算是品尝美食的好理由。

食材的选择在桐乡各乡镇大有不同。石门一带荠葱必不可少，甚至把野火饭直接称为“荠葱饭”。荠葱亦称荠，算不上家常蔬菜，城里的菜市场上几乎买不到，东部许多人甚至不知道此物，而西面的乡镇却把它当作一道名菜，许多人家的菜地里都会种上一塄塄，一盆荠葱炒蛋曾是高档的待客之肴。

荠葱与野火饭的搭配称得上天作之合，经过水与火的洗礼，晶莹的饭粒充分吸收了荠葱的香味，掀开锅盖令人咽津。石门西面洲泉一带，烧野火饭时会把荠葱切得更短一些，且在米中加入一部分糯米，甚至用纯糯米，这样烧出来的野火饭口感滑糯，但冷食时口感大打折扣。

总结下来，凤鸣一带的食材组合最受欢迎：荠葱、咸肉、豌豆、笋、香肠。东部的屠甸、濮院一带野火饭色泽更亮丽，以大蒜、莴苣等代替荠葱，为了更好看，往往还会加入胡萝卜调色，但莴苣、胡萝卜等蔬菜水分含量高、纤维短而脆，不适宜长时间焖烧，因此颜色搭配虽好看，味道却不比凤鸣。

总的来说，野火饭食材的配比，以 1 份糯米加 2 份粳米，

被当作花盆的三斗甏，一百年前是用来盛米的

配以荠葱、咸肉、香肠及少许蒜苗、豌豆、笋为宜，如此烧出的色泽与口感最佳。

烧野火饭的过程也有不少技巧。从搭灶开始，以二尺生铁锅为例，先用7块九五砖搭成一个正七边形，拿掉其中一块留作灶门，再在其他6块砖上交替往上搭7层，共用九五砖42块。野火灶以搭在泥地上为宜，在灶膛中间用锄头略微刨低，放上锅，“基建”完成。

柴火需要两种，一种是用于起火和收火的软柴，稻草最好；另一种是桑条之类的硬柴。最后再配一把火钳，烧火工的家什就齐全了。

初夏江南无尽绿

将切好的食材装成两盆备用，一盆为咸肉与香肠等荤菜，另一盆为荠葱、豌豆等素菜。在铁锅内加入适量油（不宜用菜籽油），油中加适量盐（如果咸肉量多，则无须加盐），油热后先放荤菜煸炒，炒熟后放入素菜继续炒，炒至出水转色。这一做法类似杭白菊制作过程中的杀青，可以把菜中的鲜气逼到汤汁之中，比在饭中直接放入食材要香得多。（有人喜欢烧好饭后再将炒好的荠葱拌入，这样看起来荠葱色泽碧绿，饭则不入味）。

然后将炒好的食材盛回盆内，放水加米，米和水的比例直接关系到饭的质量，水面略微超过米时，可以用戗刀把米往中间拨，米在水中微微出于水面为宜，此法需多次实践方有心得。水头调好之后，将炒好的食材倒入米中，搅拌均匀，再次查看水量是否合适，盖好锅盖，将下一个工序交给烧火工。

灶火以中火偏高为宜，太猛会导致收水过快，易焦而夹生，太文则易成“焐熟饭”。水汽蒸发得差不多时，可揭开锅盖看一下情况（不会影响饭的质量），如果是满满一整锅饭，在滚锅后还要搅拌一次。当听到“噼里噼里”的锅巴声时准备收火，再添两把软柴即可停火，如果是一整锅饭，可在闻到轻微的焦香后再停火。再耐心等待 20 分钟，即可开锅享用了。若再配以香豆干、咸菜等食物，则更为野火饭的美味锦上添花。

野火饭以“野”为要义，河滩边、大树下、古桥头。而今人多地少，洗涮、取材不便，各类农庄推出野火饭主题活动，让游客趋之若鹜，造就了野火饭大军。但这远不及觅一处乡野角落，自己动手，搭灶、淘米、切菜，功成之后，在树荫下或站或坐，没有陌生人的喧哗，只有老朋友的私语，慢慢品尝这盛行于春夏交替时的美味，感受节令赋予的物产与耕耘收获的味道。

排名第二的应当是灰鸭蛋，灰鸭蛋就是咸鸭蛋。但“灰”字很特别，既是名词，又是形容词，也是动词——制作灰鸭蛋的过程称之为“灰”。做灰鸭蛋步骤不多，但要灰出蛋白不是很咸，蛋黄又能流油的鸭蛋并不容易，隔壁的大妈说：“讲不灵清，手法都在阿拉脑子里。”鸭蛋洗净后，用烂塘泥包裹，最好是孔隙较大的红沙泥，但在没有这种土的地方，人们就在泥里拌一些灰或者“稳”（细小的瘪谷）。然后滚上足够多的盐，放入钵头中密封，置于阴凉处，以免受到蚊虫叮咬，否则就会变质发臭。待两周之后，可试着尝其咸淡是否适口，如果不够咸，可再放数周。

老底子吃灰鸭蛋是件大事，整个剥来吃缺乏仪式感，亦嫌奢侈，最好的方式是从鸭蛋大（空）的那头敲开硬币大小的一个口子，用勺子一点点掏来吃。但碗砂瓢羹和洋铁瓢羹个头太大，人们就想出用小竹片制作一个吃咸鸭蛋的专用瓢羹（类似于现在吃酸奶的那种），称之为蛋瓢。灰鸭蛋一入钵，蛋瓢的制作就开始了。为了吃个蛋下如此功夫，这不仅是对劳动成果的珍惜，也是对时节的尊重。

排名第三的麻球是一种米食。这里春花作物种得少，馒头一般都是糯米做的，称为馒馒。麻球在桐乡美食中热度一般，但立夏必吃，相传可以防蚊虫叮咬，还有一个相关的民间传说：

在男耕女织的时代，某年立夏，丈夫要外出去田里劳作，心灵手巧的妻子DIY了几个豆沙馅的糯米团子作为“晚点心”，打包后让老公带上。此时天气已比较炎热，丈夫到达地头后为了防止团子变质，就将它们打开放在地头。傍晚时分，男人感到饥饿时想到了那几个团子，走过去一看吓了一跳，原本白色的糯米团子变成了黑色，再细看，团子上沾满了密密麻麻的黑“芝麻”，原来蚊子被团子的香味吸引后掉入了这柔软的陷阱无法自

古桥，

并非生如夏花

她们是出水芙蓉，

我们是薜荔与野蔷薇

拔。男人心道，怪不得今天的蚊子这么少。这件事在村上传开后，因为那天正好是立夏，人们便渐渐养成了立夏吃麻球的习惯。故事可能是假的，但其中的情感却无比真实而美好。

仅有三件套，还略显单调。物资匮乏的时代，人们会做“立夏狗”，西片一些村坊仍保留着这个习俗。清明前后，人们将糯米捏成小狗的形状，风干后贮藏一月，到立夏时蒸给小孩子吃，寓意小孩子可以像小狗一样健康。在美食铺天盖地的今天，“立夏狗”这种淡而无味的食物渐渐只存在于人们的记忆中。

随着经济渐渐富足，除了麻球、灰鸭蛋之外，人们还会配上香豆腐干、春笋等节令美食，小龙虾、烧烤之类也加入了立夏的食物行列。人们在享受自然馈赠的同时，用自己的想象和双手不断丰富着餐桌。

蝼蝈鸣，蚯蚓出，王瓜生。

生命摆脱春天温和的姿态，呈现出茁壮生长的态势。

蝼蝈，学名蝼蛄，土话也叫“泥里蛄”，是常见的夏季昆虫之一。其外观颇威武，有两把大钳子与结实的身材，但只是看着吓人，即使被人捉弄，也不会钳痛人，因此常被孩子们当作玩具。《月令七十二候集解》称其有五技，但无一技之长，“飞不能过屋，缘不能穷木，泅不能渡谷，穴不能覆身，走不能先人”。看上去都是些三脚猫的功夫，反而给人们憨态可掬的印象，远比那些鲜艳的刺毛虫要惹人喜爱得多。

蚯蚓又名曲蟮，自冬至蚯蚓藏身以来近半年，感阳气而渐伸。蚯蚓不同于蝼蛄，它不属于昆虫，但与人们的生活更近，甚至许多连猪都没有见过的都市小孩都知道它的样子。蚯蚓亦是一味有名的中药，名为“地龙”，有通经活络的功效。从垂钓的诱饵到悬壶济世的良药，从翻耕土壤到农事谚语，总有蚯蚓那不紧不慢的曲线在蠕动。

王瓜即黄瓜，也有人说不是。然从“圆无丫，缺有毛，如刺蔓，生五月，开黄花”的描述看，称其作黄瓜亦无妨，因为毕竟那些抖音里冒出来的罕见的王瓜有炒作之嫌，我们需要的是能够在初夏品尝到的清爽的生活之瓜，如果群众吃的瓜都变成了私人定制，并不见得是一件好事。

《淮南子》曰：“夏为衡，衡以平物，使之均也。”《尚书大传》说：“夏者假也，吁荼万物而养之外也。”也就是说，万物茂盛和放纵的时节到了。季节的放纵不同于人，人的放纵会为祸，而季节不会，其让天地生灵由初恋转向热恋，继而推动万物生长，让人们初尝这个季节的鲜美，并为下半年的收获积蓄力量。

“蚕麦江村，梅霖院落”，立夏来了。

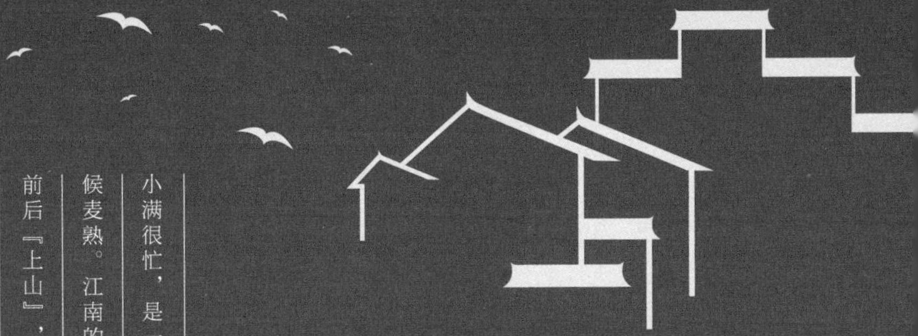

小满

XIAOMAN

小满很忙，是一个没啥仪式的节气。人们忙着饲养春蚕，在东南风里等候麦熟。江南的劳作以蚕桑最具特色，春蚕从立夏前一周收蚁，至小满前后『上山』，几天后，数万担春茧在盈而未满之时上市。

小满即满

每到一个节气，朋友圈里都能看到一张张唯美的图片，人们对于二十四节气的关心让人欣慰。人们的生产生活依赖节气，却也不是于每个节气都有仪式，大多数节气都在惠风和畅、波澜不惊中经过。

小满很忙，是一个没啥仪式的节气。人们忙着饲养春蚕，在东南风里等候麦熟。江南的劳作以蚕桑最具特色，春蚕从立夏前一周收蚁，至小满前后“上山”，几天后，数万担春茧在盈而未满之时上市。

等到蚕宝宝一上山，郁郁葱葱的桑林会被彻底修剪，剩下一片光秃秃的“桑柴拳头”。此时的村前村后一下子变得亮堂起来，与所谓的“江南五月碧苍苍”显然有些对不上，都是灰色的一马平川。也只有在这段时间，才能看到河尽头的芦苇。

“南风原头吹百草，草木丛深茅舍小”，这是文人关心的节气；今年春茧开秤价格几何？这是农民关心的节气。双方都是如此真诚，这便是生动与生活的映衬，创意与本意的统一。

初夏尚且萌得可爱，春花作物借着日渐强盛的光芒，拼了命地生长，我们似乎定睛就能看见麦粒被浆水充盈而日渐饱满的模样。小满的麦秋之满和雨水之满，都在告诉人们知足的智慧。

杂物也能如此井井有条

春蚕过后的“桑柴拳头”

八成枇杷黄，油菜收割忙

苦菜秀，靡草死，麦秋至。

古人对季节变化带来的自然界生物反应的感触细腻到极致。

最初的五天，苦菜、茼蒿一类的菊科植物开始生长竞秀。苦菜并不都是苦的，苦的植物，例如苦荬、苦瓜等，都具有很好的降压作用，其茎叶端庄大气，花朵圆润饱满，目之心怡，食之败火。生活除了要有牡丹的情调，要有梅花的执着，还要有苦菜的心态，有了苦的底蕴，才有甘的回味。

靡草，并不特指哪一类植物，有人说十字花科葶苈属，《礼记注》中“草之枝叶而靡细者”形容得最为贴切，就是当地人所说的“靡靡细，格点点”。小满时太阳到达黄经60度，日光照射的威力渐盛，时有高温天出现，使得这些根基浅、枝叶细小的植物体内水分的蒸发与吸收失去平衡，常常被晒得枝萎叶蔫。当然，自然界中最不乏杂草的舞台，这样茂盛的季节不会因为靡草的褪去而失去绿意，只是杂草们有着自己生长和退场的节奏。

无数的麦芒刺向五月的天空，大光圈的微距下仿佛可以看到麦粒因灌浆而膨胀的动态。江南的麦子只是水稻的一种补充，作为避免冬闲抛荒的零星作物，很难看到大片的壮观景象，经济效益更是微薄。可正因如此，花海和麦浪才比深秋里的稻田更能勾勒出农作稼穑的生动线条，所以水稻填饱了南方人的肚子，麦子和油菜填补了南方人的视野。

小满快到时，还有一种特色美食：桑葚，也叫乌都。春蚕三眠后，数万亩的桑园里，挂满了从青到黑渐变的各种乌都，这里也成了孩子们的美食天堂。大运河两岸纵横交织的水网，滋润着无垠的青纱帐，孩子们将一张张桑叶卷成漏斗状，弓着身子穿梭在桑地里，寻找着下一个更大的乌都，饱食后再相互嬉笑：“今年乌都多，旧年乌都多，吃得僫你只屁眼紫嘟嘟。”

竹垞先生诗云：“姑恶飞鸣触晓烟，红蚕四月已三眠。白花满把蒸成露，紫葚盈筐不取钱。”免费的景物和免费的物产，就好比蚕桑业的余音绕梁。紫红的桑葚和光滑的石井栏，百草园里的美在小满的乡野里有着放大的版本。

“小满动三车”，老底子的江南人对此感受尤为亲切。

所谓“三车”，即水车、油车、丝车。5 月下旬，暴雨天气频率陡增，河水逐渐盈满，农作物也需要水分“补钙”，旧时的水车相当于现代的机埠、泵站，将外河的水通过沟渠引入田中。“黄叶渡头春水生，江中水车上下鸣”，水车的脚步不停歇，为庄稼解渴，也为生计解渴。

油坊曾是一地经济的代表，石门、洲泉等地有许多榨油的品牌。“头蚕罢，踏油菜”，古法的油车和现代的机器，都在扑鼻的香味中运转起来，使人重温那熟悉的味道。

“采好蚕子收麦子”，在现代化丝厂诞生以前，缫丝赖于人工器具，“簌簌衣巾落枣花，村南村北响缲车”，这一根丝，

刺向天空的麦芒

紫葚盈筐不取钱

织出了江南农事的精华。春蚕双宫茧不能用于缫丝，却是做被子的上乘原料，可惜的是，近些年“毛脚茧”（蚕吐丝尚未完成就采收导致吐丝终止所形成的茧）的流行，使得蚕茧的出丝率大打折扣，令人惋惜。

尝过了立夏的野火饭，鲜果仿佛单调起来，在现代交通介入之前，小满时李未红、瓜未透，有一种水果独占鳌头——枇杷。自然村落中，枇杷树常种于屋后或两侧。本土品种的枇杷只需一粒核，随意往墙角边地上一扔，数年后便可长成一株枇杷树，绿叶间的一团团橙黄装饰着老屋边的初夏。其果小而黄，未熟透时略酸，虽不及塘栖白沙的个头和甜度，但有着一种特殊的枇杷香味，颜色也更加明亮。枇杷属蔷薇科，但没有通体尖刺，且是生津止咳的良方；枇杷多子而少病虫，老人们说一株枇杷树只要长出了一百个枝头，就可以结子了。因这种美好的说法，小时候还认真地数过，却怎么也数不清……

如果要评出桐乡民间的四大水果，枇杷当居首位。

“小满者，物至于此小得盈满”，春花作物因临近收获而满足，气候因雨水渐多而满足，农人因期盼年度的第一次收获而满足。然而过满则盈，过盈则亏，就如我们在喝水的时候，如果将水满至与杯口相平，势必还未入口便洒落于地，且姿势不雅。小满，即是恰到好处的知足常乐。

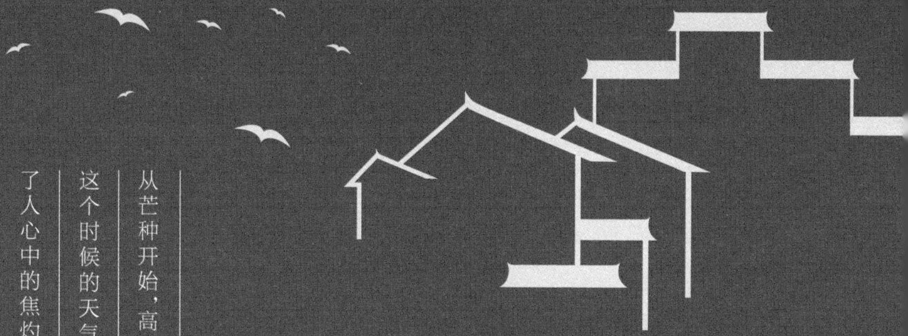

芒种

MANGZHONG

从芒种开始，高温天气变得很常见，白居易说『足蒸暑土气，背灼炎天光』，这个时候的天气，并没有达到多么热的程度，只因没有收成的劳动加重了人心中的焦灼。

当年鹤立鸡群的红砖高烟囱，
如今已所剩无几 ▶

芒种之忙

芒种与小满一样，都是直接用作物的生长态势来命名的节气，一种有芒作物水稻开始稼种，另一种有芒作物麦子进入收获期，希望与果实循环不止。

芒种是夏季的第三个节气，单从次序上来看，好像已经过了半个夏天，其实真正的夏天才刚刚开始。从芒种开始，高温天气变得很常见，白居易说“足蒸暑土气，背灼炎天光”，这个时候的天气，并没有达到多么热的程度，只因没有收成的劳动加重了人心中的焦灼。

现在，人们穿衬衫的日子往往没有几天，单衣褪去直接穿上短袖，还是时常会汗流浃背。可人们管不了暑气的临近，因为一个字：忙。正所谓“小麦覆陇黄，

孩子的奖状多如大豆

水稻正育秧，吃饭三撇碗，咸菜一大甏”。人们沉浸在朝五晚九的忙碌之中，用铁耙、土箪把“五月节，谓有芒之种谷可稼种矣”书写成田间地头的文字。

可能也正因如此，面对五月初五这个全国人民无人不晓且仪式丰富的端午节（有少数年份端午节处在小满或夏至时节），桐乡人的态度却是微微一笑、淡然置之。端午流行的粽子，早在清明就吃掉了，另有雄黄酒、艾叶之类，只有在近年传统文化的交融复兴中才得以看见些许身影。倒是对出生不久的幼儿，有着穿黄老虎衣裳和戴“历本袋”的习俗，可随着民间制作“历本袋”手艺的凋零和时尚风气的波及，仅有的这点仪式也已慢慢消失。

百花地面，除了菊花、桑苗这些特色经济作物之外，水稻这一南方标志性作物自然还是农作物的首选。江南人对水稻的感情也比麦子深得多，整套流程轻车熟路，留下了“种田勿来看上埭”“早稻要抢，晚稻要养”“浅水插秧，深水返青”等一串串农事金句；留下了“挑稻秆泥”“土肥水种密保管工”等一个个打着时代烙印的镜头。南宋韩淲《芒种》诗二首，逼真地诠释了秧田里的风景和农人的心态：

田家一雨插秧时，成把担禾水拍泥。

分段排行到畦岸，背蓬浑不管归迟。

栽匀明日问青黄，惜水脩塍意更忙。
少候根中新叶出，又看晴雨验朝阳。

随着现代农业种苗技术的改良和机械化程度的提高，劳动力不断得到解放，种田依然辛苦，效率却飞速提升，人们虽不能指望种田发财，却能在最大程度减少劳作艰辛的基础上享受嘉禾之穰。

螳螂生，鵙始鸣，反舌无声。

芒种三候都是动物，二、三候更是有些神秘。

螳螂是益虫，手中的两把大刀是勇士的象征，螳臂当车虽自不量力，却也含着一种无所畏惧的精神。六月上旬，小螳螂开始破壳而出，并迅速生长为捕虫能手。江南所见的螳螂大多为绿色，以大体型的中华大刀螂为居多，极少见褐色的。以前的孩子们喜欢把它捉来放在瓶子里，用一根细草挑逗，因为老人们都说螳螂是有益的，所以等关到没有斗志时便会放生。

鵙（jú），即伯劳鸟，成语劳燕分飞中的“劳”，也是一位捕虫能手。此时正当繁殖季，恋爱中的人很健谈，鸟亦如此。当然其叫声并不好听，古人称其为恶声之鸟，但在恋人的眼里，言语都是动听的，没有音质的差别。

反舌，即反舌鸟，对季节非常敏感。在反舌鸟看来，落英

蓝莓，
桐乡近年的时髦水果

新鲜的麦秆

成泥，绿叶满枝，雨水渐多，阴气微生，芒种已不再是叽叽喳喳的时节。古人云：“青春始分，则关关而爱语；朱夏将半，乃寂寂而无声。有以见天地之候，有以知禽鸟之情。”鸟儿尚能随时之智、从宜之义，人更当自省。

芒种不但忙，而且黄：梅子黄，河水也黄。

在持续了数个月的野火饭活动差不多结束的时候，江南的梅雨季如期而至。气象学上对梅雨的定义和历书中是有差异的。气象学上的算法更复杂，要通过对温湿度、经纬度、雨量、光照等因素的综合测算，才会得出入梅和出梅的时间，各年份不相同（如 2020 年的入梅、出梅日分别为 5 月 29 日和 7 月 18 日，时间特长，50 天梅雨期内出现了 11 轮强降雨，桐乡站雨量峰值达到 885 毫米，相反有几年则是“梅子黄时日日晴”，甚至出现空梅现象，梅雨只成了个标记）。历书上的算法要直接得多，即芒种后的第一个丙日为入梅，小暑后的第一个未日为出梅（如 2020 年芒种为 6 月 5 日，此后的第一个丙日为 6 月 8 日丙子日，小暑为 7 月 6 日，此后的第一个未日为 7 月 9 日丁未日，入梅、出梅日分别为 6 月 8 日和 7 月 9 日）。

其实怎么算并不重要，重要的是大量雨水在最关键的时刻滋润了土地，让土壤深处的水分充分积蓄。鱼米水乡，究其根源，不过水土二字，而河水漫漶、防潮防霉、农事物语，就是因水土而生的节奏。天气照应丰收也好，气候反常成灾也罢，我们都应当感谢芒种里的这几场雨，并重视自然的提醒。

“不违农时，谷不可胜食也”。芒种，在忙碌中各归其位，在生长中恣意张扬，种下的种子终有收获的时刻。

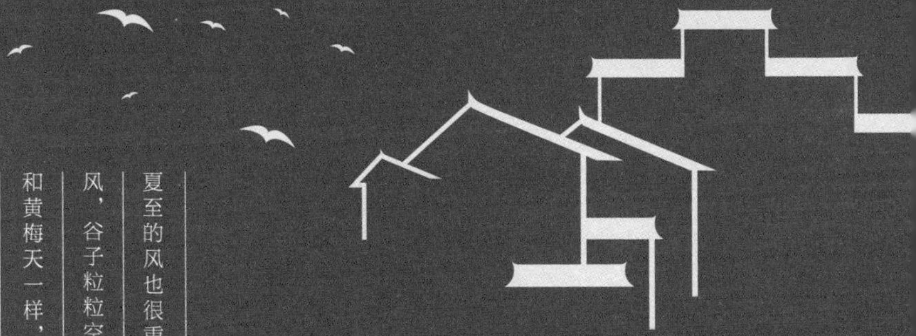

夏至

XIAZHI

夏至的风也很重要，『夏至西南没小桥，夏至东南踏断腰』『夏至西北风，谷子粒粒空』，人们通过风向判断即将到来的三伏天是否风调雨顺。和黄梅天一样，如何计算三伏天并不重要，重要的是如何在火热的暑气里给自己燥热的心搭起一片阴凉。

宋英杰先生说："夏至那天，想你的时间最长，梦你的时间最短。"原来科学也可以如此浪漫。

夏至日，太阳到达黄经90度，阳光直射北回归线，江南地区的白昼超过15个小时。人们劳动了一天后沉沉睡去，没有多余的力气去做更多的梦。学生们踏着六点多的阳光进入学校，期末成绩似乎已成定局，减少了昼短苦夜长的压力。

江南许多地区一年有五个祭祀的时间点，其中三个为节气，除了清明，还有夏至与冬至。古人认为，春秋为时空的交汇期与阴阳的融合期，不论天气还是人心，都会相对平和，而夏冬为阴阳的转折期，热和冷都走向极致，必须要向祖先报告，故用仪式来驱除极端天气里内心滋生的戾气。"致君尧舜上，再使风俗淳"，

相见语依依

这种带着传说色彩又能教化人心的藏于民间的信仰即为风俗。

夏至九九与冬至九九正好相反，冬九九在三九四九最冷，五九过后气温回转，所谓春打六九头，是说冬至后的第三个节气（45 天）正好是立春；夏九九则在三九四九最热，五九过后高温稍有收敛，夏至后的第三个节气（45 天）正好是立秋。只是夏天过后的凉意来得没有冬天过后的暖意那么明显，特别是近些年，夏天特别漫长，一条短袖常常能从五一穿到十一。

《夏至九九歌》有许多种版本，常见的是：夏至入头九，羽扇握在手；二九一十八，脱冠着罗纱；三九二十七，出门汗欲滴；四九三十六，卷席露天宿；五九四十五，炎秋似老虎；六九五十四，乘凉进庙祠；七九六十三，床头摸被单；八九七十二，子夜寻棉被；九九八十一，开柜拿棉衣。季节变换远没有这么明显的特征，叶落花开都在无声之间，但只有把季节变成了花絮，人们才能在短短的几个文字里看见她的色彩。

鹿角解，蜩始鸣，半夏生。

不同于小满芒种，夏至三候有动物也有植物。

古人认为，鹿角朝前生，性属阳，夏至日阳气至盛而阴气生，鹿开始换角。鹿也是一种寓意丰富的动物，与“禄”谐音，示天下财富，故有逐鹿中原等说法。

蜩，即蝉，可引申为知了一类，我们称为“老田奇”“夏

老屋檐下的广播里放着《在希望的田野上》，
桑园如帐

低调奢华
不如朴实无华

知蝶”。夏至过后的某个傍晚，知了声在池塘边的某棵柳树上响起。孩子们喜欢用塑料袋做成捕蝉的工具。屁股大的是雄蝉，叫声脆而嘹亮，最招人喜欢，但被捉住后声音就变得很弱；屁股尖的是雌蝉，不会鸣叫，躲在密叶深处吸食汁液。蝉是一种充满文化寄托的昆虫，骆宾王、虞世南、李商隐有“咏蝉三绝”，自“鸣”清高时可以说“居高声自远，非是藉秋风”；命运悲催时可以说“露重飞难进，风多响易沉”。很少有这样的虫子，既可以寄托深厚的人文情怀，又可代表轻松的顽童心态。

夏至最后的五天，暑气才刚刚开始弥漫，但从节气法则来看，夏天已过了一半。半夏在此时生发，以名字来宣告夏天已过半。半夏又名三步跳、麻芋果等，属天南星科，是一味著名的中草药。

夏有三伏，分为初伏、中伏、末伏，常被理解为炎热的代名词，时间为 30 天或 40 天，其中初伏与末伏均为 10 天。初伏的开始时间为夏至后的第三个庚日（此时已到小暑时节），末伏的开始时间为立秋后的第一个庚日。日月干支往复，三伏是 30 天或 40 天并无固定规则。

如 2012 年夏至日为 6 月 21 日，此后的第三个庚日为 7 月 18 日庚辰日，初伏开始；立秋日为 8 月 7 日，此后的第一个庚日同为 8 月 7 日庚子日，末伏开始，从初伏结束到末伏开始中间只隔10天，那年的三伏天就只有30日。再如2023年，夏至日为6月21日，此后的第三个庚日为7月11日庚午日，初伏开始；立秋日为8月8日，此后的第一个庚日为8月10日庚子日，末伏开始，从初伏结束到末伏开始中间隔了20天，这年的三伏天就有40天。

夏至的风也很重要，“夏至西南没小桥，夏至东南踏断腰”“夏至西北风，谷子粒粒空”，人们通过风向判断即将到来的三伏天是否风调雨顺。

和黄梅天一样，如何计算三伏天并不重要，重要的是如何在火热的暑气里给自己燥热的心搭起一片阴凉。

“伏者，谓阴气将起，迫于残阳而未得升，故为藏伏，因名伏日。”伏日一过，阴气开始升腾，这是人们对大自然本意的深层次理解。

古时没有空调电扇，诗人们也能在“黄尘行客汗如浆”的煎熬里寻求出许多自在自得的安慰来。“梅子留酸软齿牙，芭蕉分绿与窗纱”，这是雨后片刻清凉的享受；“晚风来去吹香远，蔌蔌冬青几树花”，这是在林荫道上赶路的享受。清代吴绛雪《四季回文诗·夏》曰：“香莲碧水动风凉夏日长。”读为：“香莲碧水动风凉，水动风凉夏日长。长日夏凉风动水，凉风动水碧莲香。”此诗若悬于竹林深处茅屋之上，清凉便如约而至，酷暑也就没有这么可怕了。

除了祭祀，人们还会在夏至那天把未成年的小孩子送到外婆家做客人。老人们的说法是，夏至那天不吃自家锅里的饭可以防止小孩疰夏。

夏季，种子的生命发生了膨胀，孩子们的假期有了着落，春秋的红黄之间多了一层色彩，礼仪文化便也多了一种素材。

夏至九九，日子久久，找个有星星和晚风的夜，在夏夜里再闻一次茉莉花香，哼一曲小时候祖母教你的歌谣吧。

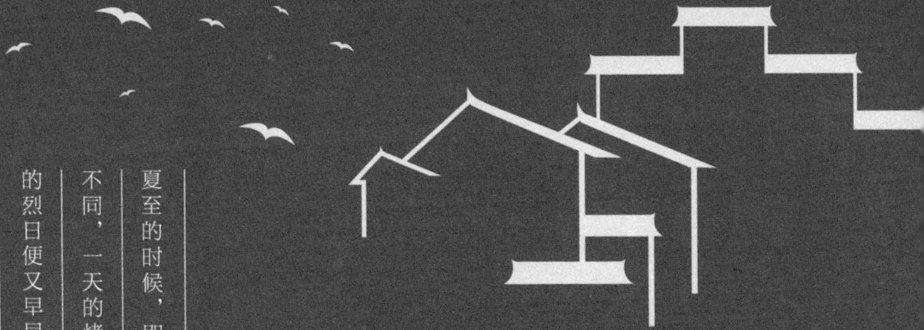

小暑

XIAOSHU

夏至的时候，即便白天高温，到了后半夜还是会有丝丝凉意……小暑则不同，一天的烤灼，大地经过一个夜晚还无法全部化解其热量，第二天的烈日便又早早地升起了，往复多日，大地也窝了一肚子的火……

小暑如蒸

公历7月7日左右，地球运行至黄道105度，太阳光的直射点刚从北回归线折返。古人的经验是“斗指辛为小暑，斯时天气已热，尚未达于极点，故名也”。就是说虽然天气已经比较热了，但还没有热到“独孤求败”的程度。

这个说法在黄河流域基本适用，但到了长江流域，人们总有一种被欺骗了的感觉：这还不热，请告诉我什么才叫热？气温一路攀升，35度只属于温暖级别，动辄轻松越过40度。“六月六，猫狗牲畜潮个浴”，人们感觉天气要热疯了。

相反，到大暑时，人们已经适应在热浪中醒来和睡去，身体已和气温达成一致，需要的只是寻找各种纳凉的方法。而小暑的热气有点突如其来，人们一时无法接受如此猛烈的袭击，所以显得更加烦躁。

要说最热的节气，一年中只有小暑与大暑。夏至的时候，即便白天高温，到了后半夜还是会有丝丝凉意，因为暑气还无法穿透这广袤的大地，太阳落山，大地便以其深厚的内力重新掌控世界。小暑则不同，一天的烤灼，大地经过一个夜晚还没来得及全部化解其热量，第二天的烈日便又早早地升起了，往复多日，大地也窝了一肚子的火，就成了“暑”字的模样。

早些时候，孩子们的暑期农忙有三件套：烧夜饭、斫羊草、放潮水。大人们要忙到天黑才回，乖巧的孩子们会早早地为长辈烧好晚饭，傍晚游泳之前还会到后门头的地里斫一篰羊草，天黑后再跟着父亲去菊花田里放水，在苦乐相间的过程中养成健康的肤色的和健康的心灵。也有休闲三件套：游河、捉夏知蝈、吃乘凉夜饭，此为暑期寻凉的最佳方法，再配以儿戏及动画片若干，暑假就成了一部明知道过程与结局却依然心中向往的纪录片。

大人们的心情就要焦灼得多，下午3点，日头依然滚烫，夏蚕宝宝处于老龄期，再热也要吃叶，逼着人们挑着担子往外

斫羊草

罗家角的盛夏，
7000年前大约也是这样

赶。江南人早时候养五季蚕，现在取消了早秋蚕，只养四季。

养夏蚕有两苦，除了天气炎热之苦，还有采叶烦琐之苦。因为春蚕一过，人们会把桑树的枝条整条剪去，只剩下光秃秃的“桑柴拳头”。在春蚕结束到夏蚕开始的一个月时间里，桑树会重新抽出枝条，但新枝杂乱无章。这时候就需要人工掰除那些横傍斜生的细枝叶，只保留数根健壮的主枝，为接下来的几季蚕桑饲养做好准备，俗称“匀二叶”，就是梳理二等叶的意思。这些细枝末叶是夏蚕的主要食物来源，采摘效率极低，生长得又极顽固，需要很大力气才能掰下，常常是人的拳头被桑树的拳头打得鲜血直流。再加上桑地里潮热的环境，“匀二叶”成为农事之中最苦的差事之一，如果加上夏蚕的收成不好，人们的心情就更差。好在随着就业选择的多样化，饲养夏蚕已不是大部分家庭的主要收入来源，60 岁以上的人还保持着对它的一种情结，一种既无奈又纠结的不舍。

小暑也是单季晚稻开始分蘖的生长旺盛期。好在水稻是天生耐高温的高手，只要温度不是过于夸张，基本能顶得住。所谓“三伏不热，五谷不结”“六月盖被，有谷无米”“伏里西北风，谷子粒粒空”。植物和人都需要健康的环境，但不一定需要一样的温度，有时候你厌恶的炎热可能就是她需要的温暖。

温风至，蟋蟀居壁，鹰始鸷。

小暑三候由动植物变成了上天入地，与这火热的天气一般。

八面来风，可以大致地对应一年中的八个节气，从立春东北风开始，春分东风，立夏东南风，夏至南风，立秋西南风，秋分西风，立冬西北风，冬至北风。这些围绕着季节转圈圈的风，产生了一个长且有内涵的成语：不是东风压倒西风，便是西风压倒东风。小暑时，木兰花开，南风微来。南风虽名为温风，但其实除了风力，其他概不温和。风是大气和土地的信使，大家的心情都是火热的，字里行间就不会有凉意。

蟋蟀，又称“蝉叽”。常见的有两种，一种是电视里富家公子哥斗的那种；另一种是身体呈弓形，两条腿占了身体的大半，一蹦半米多，俗称“驼子蝉叽”的那种，更多见。七月的太阳落山后，凉阴潮湿处皆有它们的身影。七月中旬，蟋蟀居壁，与《诗经》中的“七月在野，八月在宇”略有时差，只因昆虫不会写诗，它们只听气候的差遣。蟋蟀虽被定义为害虫，但不像蝗虫那样臭名昭著，相反，它往往是一种不可缺少的意象。其在天气转凉时，夜深而鸣，似催人织衣备寒，故又名促织。“知有儿童挑促织，夜深篱落一灯明”“促织鸣已急，轻衣行向重”。食物链的益害之别取决于人们对生产生活的评判，大自然则完全可以有另一种判定标准。

老鹰是力量的象征，鹰隼试翼，风尘吸张，气质与肌肉均无与伦比。鸷为凶猛之意，古人认为小暑时晴空万里，老鹰开始教小鹰在空中翱翔和学习搏杀猎食的技术。但老鹰可能只是认为飞高点更加凉快而已。

汗如浆水，诗人们在这个季节里的创作灵感也低了许多，杨万里说：“夜热依然午热同，开门小立月明中。竹深树密虫鸣处，时有微凉不是风”，特别是最后一句，有点被热昏不知所云的感觉。李太白说：“懒摇白羽扇，裸袒青林中。脱巾挂石壁，露顶洒松风”，不知道这个姿势在古代算不算不雅。戴复古说“万物此陶镕，人何怨炎热。君看百谷秋，亦自暑中结”，深知百姓疾苦与作物生长规律。也有人享受炎夏中难得的凉意，“景雨初过爽气清，玉波荡漾画桥平”“芳菲歇去何须恨，夏木阴阴正可人”。可能是自我安慰，可能是心静自然凉，可能是适应了酷热的夏天。但可以肯定的是，无论怎样的天气，从不同的角度看，都有着她的魅力。想一想写意的画面和回忆中的片段，能让记忆中的夏季变得清凉。真待到暑气慢慢地褪去，想起莲塘、树荫与夏至蝶，并未觉得酷暑过得有多么难熬，从宏观的角度去回看这六个节气，夏天就这么让人喜欢。

冬暖夏凉，只是一种人居的理想，相反，酷暑与严寒，却是正气的组成。智者养生，顺四时而适寒暑，和喜怒而安居处，需要不断进步的，唯是人心。

老屋前随手一摆，便是夏天的通透

老人说：

今天吃个早夜饭

六月六吃馄饨

今天是大暑／我们园里的丝瓜爬上了树／几多银丝的小葫芦／吊在藤须上巍巍颤／初结实的黄瓜儿小得像橄榄……家乡的黄昏里尽是盐老鼠／月下乘凉听打稻／卧看星斗坐吹箫／鹭鸶偷着踏上海船来睡觉……

大暑

DASHU

大暑与小暑不分彼此，只一个热字。从气象理论上讲，过了大暑，节气里的夏天就结束了。

夏季，对我们的祖先有着非凡的意义。从字面上看，夏是一个象形字，好像两个人面对面恭敬地捧着一个器皿，寓示着礼仪的庄严。“服章之美谓之华，礼仪之大谓之夏”，华夏便成为一个民族文化的源头，既有人之初生的廉耻，又有思想不断进化中对信仰的渴求。

现代社会科技飞速发展，一个几百平方公里的县域，夏季峰值耗电超过 200 万千瓦，其中很大一部分转变成热量为暑气推波助澜，凉爽了墙里的心，热了墙外的人。走出一扇门，从 26 度走进 38 度，人们已经适应了改变生活的习惯。“何以销烦暑，端居一院中。眼前无长物，窗下有清风”，面对眼前的热浪，经过半个月的蒸煮，一部分人已形成这样的心境，开始寻找不同的消暑方式。

游河，是暑假三件套的“首台套”。游河地方的选择有两重境界，第一重：门前的小河。如果是内河，水上长满了水草浮萍，可能还有一艘木制的船，从这个桥硐（石埠）游到另一个桥硐，距离不过二三十米，姿势以狗刨居多。河水也不深，能踩到水底的烂泥，经常会被“碗烘爿”（碎瓷片）劐开脚，在家休息不了几

香莲碧水动风凉

天，又忍不住重新回到水里。第二重：自我感觉水平提升，欲望就会膨胀，村上的小河已满足不了浩瀚的心，开始游向京杭大运河、长山河。因为每年都会淹死几个人，所以大人们可以不管门前水，但绝不允许小孩到运河里去游泳。

游河的水平也有两重境界，第一重：抱个门闩、端个空脸盆，或者抱一块黑白电视机包装上拆下来的“浮起糕”（泡沫板），两脚在水面上“碰噹碰噹”地溅起大片水花，以每分钟不超过 10 米的速度前进。第二重：甩掉所有救生工具，以相对优雅的狗刨姿势纵横于水里，或者躺水面，自称“汆棺材”，如果再厉害一点，就从桥上直接跳入水中央，一个“没头团”打出二三十米。游河水平的高低成为衡量某人在孩子群体里影响力大小的重要因素。不论从何种角度看去，小孩子在自然界中游河的时代似乎注定渐行渐远了……

游好河，日已落，天尚明。在墙东脚边的大树底下摆开两只骨牌凳或者条子凳，配上四只拔秧凳或地铺凳，乘凉夜饭正式开始。上身赤膊，下身短脚裤子，脚上趿拖鞋将并不丰盛的食材吃出了一番风味。乘凉夜饭常见的菜，比如：鸡排骨烧青豌豆（以前菜场有专门卖鸡骨架的，几乎没啥肉，属于奢侈的小菜）、自家臭出来的臭豆腐干和苋头梗（桐乡的臭豆腐干与书上所说的臭豆腐干完全是两码事，美味到百度里都搜不到）、咸菜汤（放在烧饭的蒸架上炖炖，炖即蒸）、腐乳（一块腐乳可以过一大碗饭）、冬瓜（烧四大碗，可以吃一天）、活络（地蒲和葫芦的通称，味道和做法与冬瓜类似）、裙带豆（长豇豆，舍不得多放油，淡而无味）、野生鳝鱼（难得吃到，但并不是什么名菜），等等。如果再配上十几碗薄汤粥，满足感会更强。这些应季节而生的食材，是自然造化和人类劳动结合的作品，是没有用极端的手段去改变大自然的产物。大自然用这些最天然的食物来温和着我们的胃。

“棒冰一到，心里一跳，小人家袋袋里有钞票。”一个棒冰箱子，一块拍板，便是小时候的最高理想。棒冰箱子用木头做成，里面裹了棉絮，絮里面裹着几十支棒冰。卖棒冰的老太太每天午后会准时出现在弄堂口、竹林下等小孩子们集聚的地方，拉着高调喊“哎，缺（吃）棒冰”，拍板在箱子上敲出啪啪的声响。听着这喊声，比若干年后第一次乘飞机时的心情更为激动。橘子棒冰5分，赤豆棒冰1角，再后来又有了麻酱棒冰、小雪糕种种。

棒冰是舍不得咬来吃的，吮啊吮，吮得棒冰的形状和舌头一个样，直到剩下一个小木棒时也不忘咬几下，恨不能挤出里面的糖水。“小康”人家的孩子基本上每天能吃上一根棒冰，但许多孩子只有流口水的份，一个夏天也吃不到几根棒冰。日益增长的美好生活需要和不平衡不充分的发展之间的矛盾在棒冰里萌芽了。

小时候有过一段经历：家里实在太穷，村上的小孩子们拿着一毛两毛的纸币围在卖棒冰的老阿太周围，老阿太边收钱，边把一个个棒冰递向人群。虽然没有钱，但挤在最前面，那时的心情可能特别激动，看见她递过棒冰，以为是给自己的，就伸手去接，还没接到，边上付过钱的小孩子就接了过去，一次又一次地去接，一次又一次地被别人接去，直到人群散去，看着老阿太背着箱子远去，一个人空着双手赤着脚立在树下茫然……若干年后，冰箱里放了一抽屉的棒冰，但已经没有那时的激动了。

大人们从 7 月下旬到 8 月上旬持续两个星期的“双抢”是与炎热拼命的季节。混杂着汗水与泥水，拖着稻桶在烂田里缓缓前行，高高的毡布把仅有的一点风与打稻者隔离。想着今天还有多少活要做，多少汗要流，手里的一把双季稻就是全部的生活。孩子们则要完成每天的任务，如日落之前斫满两篰草，傍晚阵雨来时负责抢收稻谷等。但常常是阵雨忽至时，电视里葫芦娃正在与蛇妖决斗，心情便无比纠结……这些往事，当时只道是寻常。回首看去，非一般的辛苦，却成为一代人历练的经验和珍贵的回忆，就像暑假余额不足时暑假作业本却崭新如初，成为一代人说笑往事的资本一样。

腐草为萤，土润溽暑，大雨时行。

空气中弥漫着浪漫而紧张的气息。

古人认为许多生物通过气候的变化相互转变，萤火虫只是把卵产于草丛中孵化而已。萤火虫是一种既浪漫又实用的昆虫，浪漫的时候，可以用来给心仪的女孩子制造惊喜，君不见多少电视镜头里出现过多少少男少女看萤火虫的夜晚。实用的时候，可以用来照明，“囊萤映雪”与“凿壁偷光” 堪称成语励志故事的绝代双骄，只不过文学是加了调料的科学，那时没有透明的塑料袋子，把这个小虫子装在纱布口袋里还能照明吗？

桐乡的冬天湿冷，夏天湿热。尽管遭受着太阳的照射，从土地到皮肤都会有一种黏腻的感觉，人们也在潜意识中有所防范，所以没有人会选择在夏天晒被子，除了温度，潮湿是最大的原因。溽，专用于形容暑之湿气，所谓溽夏、溽景、溽蒸、溽露等，皆出于夏季。

溽暑之季，随之而来的便是雷阵雨。夏天的雨有常亦无常。说有常，一般都是一个上午的艳阳高照，下午三点之后天色渐暗，瞬间山雨欲来、黑云压城，大雨倾盆，倏又云开雨收，被染洗的太阳再次浮上云端，蝉声再度响起，整个过程似蒙太奇一般变换。说无常，因为谁也不知道这场雨会下多大，可能只卷起一片尘土，也可能会造成一片汪洋，谁也不知道那片带雨的乌云会出现在濮院还是洲泉。经常有人站在阳光下说：那边在下雨了。“东边日出西边雨”“夏雨隔田塍”，再形象不过了。夏天更事关农事歉穰，水稻处于拔节分蘖的关键期，温度肥水管理尤其重

小荷才露尖尖角

要，“大暑不浇苗，到老呒好稻”，天气炎热而又水量充足，水稻便会像桥下游泳的孩子们那般茁壮成长。

江南游子的思乡之情由家乡的夏景组成：知了唱在柳树梢，丝瓜吊在老墙角，看满天星斗，听母亲轻轻哼着古老的歌谣……

闻一多先生写过一首《大暑》，极为感人：

今天是大暑节／我要回家了／今天的日历他劝我回家了／他说家乡的大暑节／是斑鸠唤雨的时候／大暑到了／湖上飘满紫鸡头／大暑正是我回家的时候／我要回家了／今天是大暑／我们园里的丝瓜爬上了树／几多银丝的小葫芦／吊在藤须上巍巍颤／初结实的黄瓜儿小得像橄榄／呵／今年不回家／更待哪一年／今天是大暑／我要回家了／燕儿坐在桁梁上头讲话了／斜头赤脚的村家女／门前叫道卖莲蓬／青蛙闹在画堂西／闹在画堂东／今天不回家辜负了稻香风／今天是大暑／我要回家去／家乡的黄昏里尽是盐老鼠／月下乘凉听打稻／卧看星斗坐吹箫／鹭鸶偷着踏上海船来睡觉／我也要回家了／我要回家了！

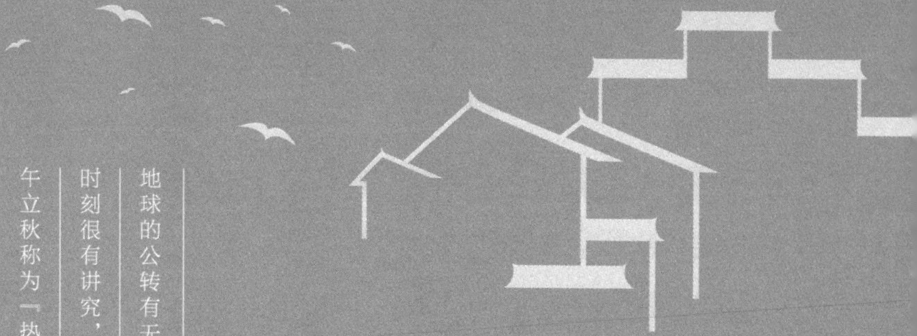

立秋

LIQIU

地球的公转有无穷奥妙，每一个节气的到来都会精确到秒。立秋的具体时刻很有讲究，早晨立秋称为『凉秋』，预示接下会比较通透凉爽；中午立秋称为『热秋』；傍晚立秋则称为『闷死秋』，预示暑热还要延续很长一段时间。

凉爽清透的气息隐约已至，早秋即将开启。

太阳直射北回归线与赤道的正中。天气开始转凉，似乎就在一个临界点上的一刹那。某一秒钟里，屋旁梧桐树的第一片叶掉了下来，开启了秋天的故事，桐乡是梧桐之乡，秋意更浓。

在古人留下来的文本中，春花秋月最富诗意也最为珍贵。特别是现今的四季，除了冷和热之外，人们最喜欢的春秋两季，适宜做梦的天气却没有几天，扳着指头也能算得出有多少天春的暖意和秋的清爽，实在应该好好珍惜体味才是。

立秋正处于孩子们后半段暑假的起点，暑假作业的完成压力逐渐加大，记忆里最苦的“双抢”基本收尾，三伏还有好多天才结束。暑气延续的这段时间，俗称“十八个秋老虎”，秋老虎发起威来，连小暑、大暑两兄弟都躲得远远的。如 2003 年和 2013 年的夏天，气温忽视了节气的存在，把秋老虎变成了野生东北虎，高温一路延续到秋分之后。

一般的年份，过了十八天，就能感到人们所谓“朝凉夜凉”的夏秋之交的气温了。地球的公转有无穷奥妙，每一个节气的到来都会精确到秒。立秋的具体时刻很有讲究：早晨立秋称为“凉秋”，预示接下来会

『进庄出庄，一把橹』

比较通透凉爽；中午立秋称为“热秋”；傍晚立秋则称为“闷死秋”，预示暑热还要延续很长一段时间。如2021年的立秋时间为8月7日14时53分48秒，处于“热秋”与“闷死秋”之间，后面的天气果然令人极为不适。

雷雨和台风是夏秋之交的特产，立秋节气为高产期。台风和飓风是一回事，都是最重量级的气象灾害，只是“产地”不同，但台风的名字更文雅些，一如中国人的性格。台风的名字由亚太地区的14个国家各提供10个，中国取的名字是：海葵、玉兔、风神、杜鹃、海马、悟空、白鹿、海神、电母、海棠，这也从侧面反映了一个国家的文化传统。这是一个自然科学与传统文化完美结合的案例：即便身处险境，仍然有一种凌云的壮志。

一定程度上，台风也是大自然友善的提醒，人类的发展不可以透支，不可以过多地索取自然资源，不可以无节制地改变自然法则，人工干预天气变换只能证明科技的小威力。《象》曰：“求小得，未出中也。”就是说有时候求取小的结果反而会得到收获，因为没有偏离正道，尚未改变它的本质。

凉风至，白露生，寒蝉鸣。

无意间的那一片落叶在猝不及防间引发了从夏到秋的骤变。

凉风偶至，需要用极细腻的感官去寻找，还不一定能找到。可能在抱怨热气时时不散的某个傍晚，夹杂在空气里的一丝凉风忽然从墙角边钻出，飞速地在脸边掠过，还来不及惊喜，似有似无的风早已溜走，但分明是真实的感觉，斜阳里的叶子已在欢欣鼓舞。

到了立秋的第二候，凉风出现的频率开始提高，特别是太阳未出的清晨，植物茂盛的大树下，或是湖边灌木绿丛的小径旁，凉意接踵而来。这段时日中的气温仍可达 35 度以上，昼夜温差拉大，后半夜水汽凝结形成露水，但露水未寒，且存在的时间极短，日头破晓即晞干散尽。此时的露水只是牛刀小试，需一个月后才是名副其实的白露节气。“露”这一滴水横跨了整个秋季，也凝聚了从古至今一代代人的思念和对自然的想象。

“寒蝉凄切……多情自古伤离别……晓风残月。”落日余晖里的最后几声蝉鸣增添了离人的心上之秋，虽然现代人的分别

美得有点恍如隔世

江南民居的屋檐，没有任何多余的装饰

生活着的老街，已经不多了

已没有那种画面感。从热闹的喧嚣到强弩之末的渐渐消失。所谓寒蝉，只是昆虫顺应气温的一种自然现象，此时江南仍在30度以上的高温里，蝉并不寒，寒的是寄托的情绪，以及那个让人留恋的即将结束的有着蝉声的夏天。

《历书》载："斗指西南，维为立秋，阴意出地，始杀万物，按秋训示，谷熟也。"除了谷熟比较让人开心以外，天地间的氛围一下子变得严肃起来，军队开始"沙场秋点兵"，开向"胡天八月即飞雪"的纵深处；古代的犯人们在角落里瑟瑟发抖，计算着秋后处决的日期；诗人也在此时赋新词，情感极其真实，"乳鸦啼散玉屏空，一枕新凉一扇风""垂老畏闻秋，年光逐水流"，愁绪随第一片落叶渐生渐浓。

当然也有乐观的，如陈与义在卜居乌镇时所写的《虞美人》："扁舟三日秋塘路，平度荷花去。病夫因病得来游，更值满川微雨洗新秋。去年长恨拏舟晚，空见残荷满。今年何以报君恩？一路繁花相送到青墩。"序文："余甲寅岁自春官出守湖州。秋杪，道中荷花无复存者。乙卯岁，自琐闼以病得请奉祠，卜居青墩镇。立秋后三日行。舟之前后如朝霞相映，望之不断也。以长短句记之。"此词是大师写江南秋色的佳作，值得高悬于乌镇水阁之上。

立秋后，大人便不再允许小孩子下水游泳，认为此时阴气已渐盛，看似火热依旧的骄阳已化解不了凉水对身体五脏六腑的侵害，一不小心就会让身体落下病根。立秋后亦不可贪凉，睡眠时一定要记得在胸腹部盖好被角，如人的欲望，关键时候一定要记得收敛。

余世存说“立秋，君子以作事谋始”，等待收获的季节刚刚开始，更需冷静而镇定。

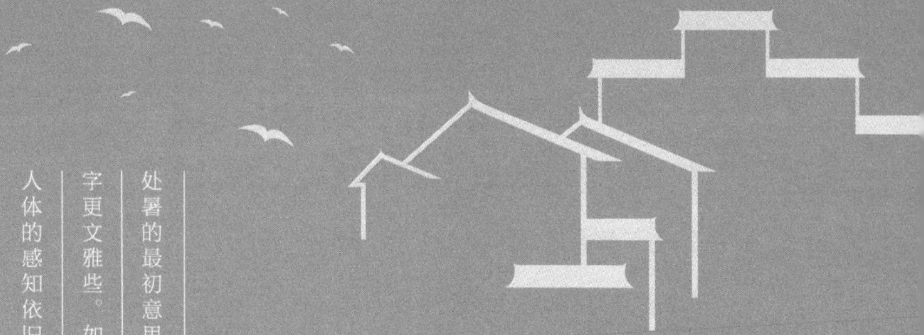

处暑

CHUSHU

处暑的最初意思应该是『出暑』，与夏至近似于『夏到』一般，只是用字更文雅些。如今的人们面对处暑时颇为纠结，在全球变暖的趋势下，人体的感知依旧是炎热不适，只有在清晨或是夜深人静之后，才能感觉到珍贵和短暂的秋凉。

处暑流火

寥寥秋尚远，杳杳夜光长。农历七月中，处暑如期而至，如诗中所示，暑热依然持续，虽然没有了早些时候的威力，凉秋却不知要等到何日。在时空上，随着黄道位置的变换，昼夜的长短变化逐渐明显，夜晚的时间逐渐拉长，提醒人们加倍珍惜时间。

古书上将“处”解释为“处，止也，暑气至此而止矣。”这样看来，处暑的最初意思应该是“出暑”，与夏至近似于“夏到”一般，只是用字更文雅些。如今的人们面对处暑时颇为纠结，在全球变暖的趋势下，人体的感知依旧是炎热不适，只有在清晨或是夜深人静之后，才能感觉到珍贵和短暂的秋凉。

七月流火，因流火二字过于直白，加上现代人对公历七月的感知，因此常被理解为天气炎热的意思。恰恰相反，流火为天气转凉的标志，此处的读音古时为七月流火（huǐ），语出《诗经》中的《七月》篇。指的是农历七月，二十八宿之东方苍龙七宿中的心宿二（大火星）逐渐偏西下沉，为气温开始下降的天象符号。《七月》是《诗经·豳风》中最长的一篇，首段起为：“七月流火，九月授衣。一之日觱发，二之日栗烈；无衣无褐，何以卒岁？”全诗涉及秋收、冬藏、农桑、习俗种种，可以说是一首《诗经》版的节气歌。现代人又

秋游，
不一定要去远方

桥上的石狮目光坚定地凝望着河里驶来的船，
似老朋友般

在它的基础上加工成了“七月流火，八月未央，九月授衣，十月获稻……”等更加系统和浪漫的曲调。

对于夏天的结束，江南人有一个重要的节日：七月半。只有正月半、七月半和八月半，人们才会在前面加上月份，其他的农历十五统称为月半。在地处江南的桐乡，正月半（上元节）几乎没有任何仪式，闹元宵、猜灯谜，只是响应号召的现代节目，普通人家对这个春节过后的重大节日不闻不问。

七月半就相对重要得多，在一年五次的民间大祭祀中，唯有七月半既不属于传统佳节，又不属于正规节气。就像夏至、冬至的祭祀并不一定在当天举行一样，七月半并不特指七月十五当天，前后一周均可举行仪式。经常会听见住在城市小区来自农村的大妈说：“下个礼拜回去过七月半。”在她们眼里，七月半是一段时间里必须举办的一场仪式。若是七月十五当天，又当别论，许多人家会在路边河滩点支蜡烛插几支香，当地人称“狗污墩香”，寺庙里会开展“放焰口”等活动。这些习俗比大妈所说的七月半要神秘得多，前者只是老百姓一种淳朴而虔诚的愿望，后者则源于许多历史人物和神话故事，常常引来人们好奇的关注与猜测。

夜深人静，河畔烛光摇曳，招引着秋天的脚步。

鹰乃祭鸟，天地始肃，禾乃登。

天地与人的对话就在似有似无的氛围中进行。

鹰是物候中出现频率最高的动物，春时鹰化为鸠，夏时鹰始鸷，秋时鹰乃祭鸟。明明是动物为了适应自然环境而产生的一种现象，经过人为的加工便拥有了变幻莫测的气息。鹰乃祭鸟与獭祭鱼、豺乃祭兽类似，动物之间虽然是为了生存而相互搏杀，但冥冥中固守着一种规则，让物种与食物链始终保持一种平衡状态。动物有这种天性，少数人却常常在物欲的冲击中丧失了这种天性，值得反思。

天地本没有表情，所谓“不管相思人老尽，朝朝容易下西墙”，任凭你是“春风得意马蹄疾”，还是“凭轩涕泗流”，冷暖变换，不近人情。人们却喜欢用主观代入法，非要赋予其丰富的情感，认为天地气候与人相通，所谓“最是秋风管闲事，红他枫叶白人头”。学术上听来十分幼稚，文艺上的表述却十分生动可人，仿佛秋山红叶与阳春白雪真能与人对话一般。处暑，河流、山野、动植物，以及一切属于大自然的表情变得严肃起来，我们好像看见一群孩子从春天的憨态，经历夏天的大汗淋漓，再一下子抹去头上的汗水，端坐在教室里捧起了书本。这时人们需要做的，除了静，更要敬，静者心不妄动之，敬者心常惺惺之，静心处事，敬物尊道，明辩而知理。

禾乃登，解释为黍、稷、稻、粱一类的短日照作物开始成

▶ 最普通的农家院落，常常能直达记忆的最深处

▶ 长居乡野的古桥，在暑气里最先感觉到一丝寒意

◀ 当年灶头边的缸甏钵头，在老屋里转变了角色

熟，故有“五谷丰登”之说。这一说法科学而寓意美好。这里我们不妨把“登”字看作一个拟人的动作，水稻在秋色渐浓的时节里登上舞台，向人们昭示劳动的果实和植物生长的完美曲线，化被动为主动，使原本的希望更加灵动。秋天的桐乡，可至大麻永丰、石门春丽桥、凤鸣天花荡、濮院红旗漾等地领略稻浪接天的景象。“稻花香里说丰年”，对于桐乡人来说，比诗中来得更晚一些。

2021 年的立秋时间在下午日光最盛之时，似乎注定了“秋老虎”的威力不可小视，人们在抱怨的同时，水稻却在欢笑，这时期充足的光照对于农作物的生长十分关键，为接下来的扬花灌浆提供了良好基础。除了光照，水分亦十分重要，“水稻水稻，呒水要翘（死）”“处暑里的水，谷仓里的米”，此时人们早晚时候下田拔草，水温明显凉了许多。也正因为热气未散尽，人们的嘴角、手背还未感觉到秋燥，只是借着秋燥的说法，偶尔买只老鸭来炖一炖。有时候，即便吃与不吃的主动权完全掌握在自己的手里，却还要找一个吃的借口。

处暑是秋季最不被重视的一个节气，没有立秋的标志性，没有白露的诗意，没有霜降的温差感受，且大部分活动还要受制于高温。但必须经过这样一个连接的平衡点，季节的变化才会变得更加温和，人们才有机会享受祈盼的过程，送别炎夏是一种幸福，等待秋光也是一种幸福。

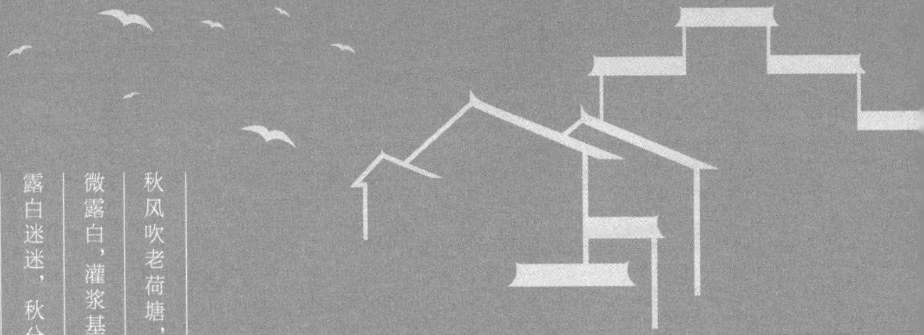

白露

BAILU

秋风吹老荷塘，田间农夫正忙。按照旧时的农事经验，白露时节水稻微微露白，灌浆基本完成，这也是对白露一词的另一种解释。谚语有云：『白露白迷迷，秋分稻莠齐，寒露斫晚稻，霜降一齐倒，立冬无立稻。』

“白露身不露，赤膊当猪猡。”这句粗犷的江南谚语成为夏末秋初里使用频率最高的话。在农民的眼中，并没有那么多的“蒹葭苍苍，白露为霜”，水边的芦苇需要的是合适的气候，而不是心情。

白露时节，地球转至黄道165度，太阳直射光离赤道也近在咫尺。此时从全国范围来看，秋天所覆盖的面积已超过600万平方公里。对于华东地区的人来说，秋的味道逐渐浓郁，如果此时再有人赤膊出门，便会引来好奇的目光，此时穿着应以短袖为主，早晚再备一件薄外套为宜。

气象与气候不同，气象只是一个科学术语，而气候则蕴含着人文情怀。除却防台防汛之类，人们更喜欢听到关于气候的消息，所以白露便从一个气象名词演变成了一个气候名词。当温度降低到一定程度时，空气中多余的水分由气态变为液态，在没有附着物的状态下，飘荡在空中称为雾，一旦碰上树叶等物体，通过水的吸附力和张力形成的水滴便称为露珠。而这个让水分变态的温度称为露点。因此雾并不伤人，伤人的是看着像雾的霾。倘若温度继续降低，到达近0度时，露化为霜，就进入了更新一层的境界。

秋风起兮白云飞，
草木未黄雁南归

七月秋风墙角凉，家家尽插地藏香

江南一隅的习俗，橘色的光抚慰着恬静的心情

鸿雁来，玄鸟归，群鸟养羞。

白露节气的三只鸟儿齐头并进。

“鸿雁，向南方，飞过芦苇荡，天苍茫，雁何往，心中是北方家乡。”七十二候的素材取自黄河流域，这副歌词更适合北方的雄壮辽阔。江南是鸿雁从北往南的途经地，不作停留。在此之后，天高云阔时，陆陆续续能看见大雁列队飞过。“一群大雁往南飞，一会儿排成个‘人’字，一会儿排成个‘一’字”选自小时候背的最熟的几篇课文之一，而摇头晃脑地背诵课文的时候，秋天的梧桐叶开始在教室的窗外纷纷飘落。

玄鸟归与鸿雁来是同一个意思。玄即黑色，玄鸟，就是燕子。江南对燕子来说属于冬天要离开的气候范围，年年离别，却年年归来，执着的情愫，让江南人对燕子有一种胜过任何鸟类的情感。旧时江南人家的廊檐下和厢屋里，木梁、水泥梁条与楼板的交接处，燕子窝是最常见的景物。从二月春风到白露凝霜的半年多时间里，燕子与人一样早出晚归、哺儿育女，世上很难有比这更和谐温暖的画面了。老人们说燕子窝是燕子们用口水和泥一点点搭成的，所以在它们南迁的这段时间里，没有人会拆掉这些空窝，相反，为了避免粪便和小燕子掉落，人们会在燕子窝下面张一个竹簟，人们认定燕子肯落户家中是家和的象征。燕子们也念旧情，年年春天准时回来。与“一群大雁往南飞”相比，“掠过水面的剪刀似的尾巴”和 “电线杆上的音符”更能打动学堂里孩子们的心。“樱花红陌上，柳叶绿池边。燕子声声里，相思又一年。”只要有归来，离别也是一种欢喜。

群鸟养羞，妙在“羞”字。候鸟们都回南方去了，留下来的鸟儿们开始忙着准备过冬。除了结构精巧的窝，鸟类还自带着一身羽绒衣，趁着天晴，用小嘴巴整理一下身上的羽毛；趁着孩子们吃饱，外出找点坚果之类囤积备用。“羞”通“馐”，鸟儿给孩子们带回来的果子，仿若人类宴席上的珍馐。

秋风吹老荷塘，田间农夫正忙。按照旧时的农事经验，白露时节水稻微微露白，灌浆基本完成，这也是对白露一词的另一种解释。谚语有云：“白露白迷迷，秋分稻莠齐，寒露斫晚稻，霜降一齐倒，立冬无立稻。”如今，随着品种的改良和产量的提高，单季晚稻的生长期也往后推，白露时所见的稻田往往还是一片青绿，立冬以后开镰是再正常不过的事。天地厚人之生也，人岂可自薄，耕作之间，皆是真理。

九月上旬，农历一般在七月底左右。七月三十是四时八节以外十分重要的一个节日，乡下人家，家家户户会在那天晚上插“地堂香”（地藏香）。这也是孩子们的一个狂欢节，在初秋的凉风里，在氤氲的香气中，在廊檐橘色灯光渲染的木槿树下，把一支支清香插到泥土之中。待第二天拂晓，起早的孩子们又会去收集下半支不会燃烧的红色香签，编制一个个手工的玩意儿。

佛教传入中国以后，地平线以下以地藏王菩萨为尊，相传

秋野独钓，
一河之隔便是大数据高新园区

白粉包墙上敲个钉子，
可以挂上一百年

七月三十为其生辰，因此从宗教的角度上看，那天应当是“诸鬼静默、普地同庆”，与七月半那种诡异神秘的气氛截然相反。

桐乡人在七月三十那天还有一种约定俗成的规则：可以进行小范围的“动土”和修剪花果树木，大概意思是“老大生日，百无禁忌”。所谓“仙界凡人做”“死秤活人掌”，借的是宗教的礼仪，行的是季节的剪刀。而那些沉醉于活动中的孩子，无须知道其中的缘由，享受单纯的快乐就足够了。

“却下水晶帘，玲珑望秋月。”白露初凉，为霜尚早，人们已等不及展开秋天所有的图画了。

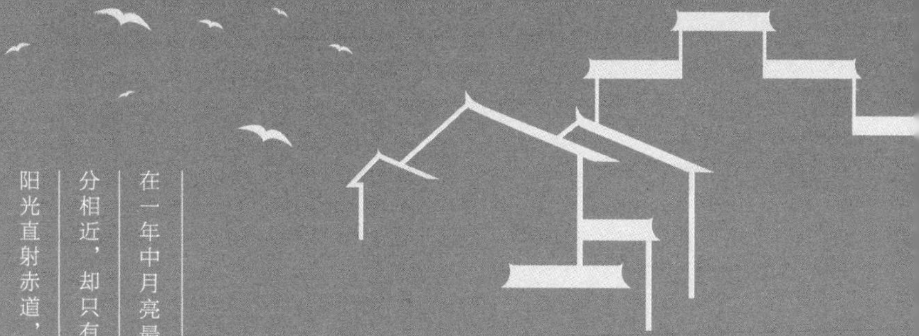

秋分

QIUFEN

在一年中月亮最圆的时刻，秋色被平分，天气愈加清朗爽透。中秋与秋分相近，却只有极少数的年份在同一天……此时，黄道平分 180 度，太阳光直射赤道，夜色初上，一轮圆月悬于空中，天地均得圆满之势。

在一年中月亮最圆的时刻，秋色被平分，天气愈加清朗爽透。中秋与秋分相近，却只有极少数的年份在同一天，如 1942 年、1980 年，比立春与除夕的重合还要稀少。此时，黄道平分 180 度，太阳光直射赤道，夜色初上，一轮圆月悬于空中，天地均得圆满之势。“洛阳城里见秋风，欲作家书意万重”，无法回到故乡的游子也在此时寄托无尽的思念。

“八月半”是许多江南人对中秋节的称呼，如果深入乡村去问一位七八十岁的老太太，她甚至可能不知道中秋节是什么，因为在她的印象中只有“八月半”，想来入乡随俗并没有想象的那么简单。

中秋对桐乡人来说比元宵与端午之类要重要一些，但标准性的仪式只有请灶神和一顿晚饭，没有祭祀的环节。西边的乡镇偶有斋星宿的习俗，也不是年年都有，至于近年流行的“偷羊发洋财”的行为，更是毫无文化来源。

中秋节晚饭的重要性，在一年之中可排名第三。第一是除夕，称为年夜饭；第二是清明节的前一天，称为清明夜饭，又称齐心酒；中秋节晚饭，称为八月半夜饭，又称团圆酒。中国人的习俗中，一日三餐只有晚饭才是正餐，许多人更是把吃中饭称为“吃点心”。

月饼是一个让人既爱又恨的东西，爱的是只有吃月饼才配得上中秋节的氛围，恨的是大多数月饼性价比太低，如果不是为了应景，估计没有人会花几十元去买一个饼。广式月饼礼盒早在 20 世纪 90 年代就要数百元一盒。旧时的筒装月饼价格更加亲民，只是吃的时候会稀里撒拉掉下一大片月饼屑，像脚后跟上掉下来的皮，俗称“脚皮月饼”，是大多数人家过“八月半”的选择。

“阴阳相半也，故昼夜均而寒暑平。”然昼夜均，寒暑未必平，此时江南的暑气刚刚退去不久，余威尚存，“堤杨脆尽黄金线，城里人家未觉秋”，许多人仍然穿着短袖在户外活动。春

比秋意更深的六进深的江南民居

与秋的气温一样，却给人两种截然不同的感受。这就是除了温度之外的“气”，就如我们称一个人的气场，称一个地方的气势，这是一种无色声香味触法，混合在五感之中将人包围，感觉极佳却又难以名状的存在。特别是处于夏暑冬寒之外的那种舒适，只有用天生的感知才能与之共鸣，“经纪天地……妙不可尽之于言”，然后化于行动。在这样的“气”里，外出登高、秋游、赏菊等活动随之产生，人们用走进自然的方式去享受自然。

三秋之仲，人们的皮肤渐渐干燥，长时间不开口，难得说句话，发现嘴角的皮突然裂开，口舌生疮，喉咙干哑，皆因自然收敛所致。这提醒人们于外需补水保温、适度增补；于内应韬光养晦、保气安神。秋燥并不可怕，可怕的是因秋燥而致心躁，因心躁而致暴躁。

雷始收声，蛰虫坯户，水始涸。

在候鸟们的带动下，有生命和无生命的自然物象开始转型。

从三月下旬的雷乃发声到九月底的雷始收声，雷雨伴随了江南人家半年之久。每年春雷声响起的那一刻，人们的情绪一下被调动起来，急着要在新一年大干一番事业。此后雷声力度与频率不断提升，随着避雨、抢收、捂耳朵，在一道道“划显”中，天气由温和到暴烈，麦子从青苗荡漾到灼热金黄，蚕宝宝从收蚁加温到吐丝作茧，桑树从枝繁叶茂到光拳头又到新芽绽放的生生

灯光映照下的乌镇，

古人没有这样的视觉享受

不息，一切都在雷声的驱赶中奔放前行。收和种如夏花一样绚烂又飞快，几阵秋雨，又轻轻松松地将雷声赶出季节的舞台，万籁此俱寂，天寒红叶稀，任凭雷公电母有多大的威力，也只能默默地服从秋的平和。

从二月中旬的蛰虫始振到九月底的蛰虫坯户，这是虫子与人类共存的活动周期，其他时间段里它们都在地下安睡。当然这仅指那些守规矩的冬眠的虫子，如果是蝇蚊之类，只要有合适的味道便会钻出来为所欲为。“坯”在这里通“培”，是一个用来形容勤劳的字眼，最常见的蛰虫，如泥里蛄、扑火虫、跳板虫、灰鳖虫等，披着泥土的颜色，有着勤劳的手脚，大多数不会咬人，却对自然有着极强的感知力，早早地将自己的屋装修好准备过冬。这部分虫子，与激进的风气有些格格不入，但过得最安心。

台风天远去，也意味着一年汛期的结束。风霜高洁，水落石出。没有了大风大雨的补给，河里的水位落到 3 米以下，桥硐边岸滩头浸在水里的树根显露出苍老的表皮，透过水面，能看到夏天洗碗时不小心掉在河里的那只蓝花碗。水始涸，只是刚刚开始，随着水温的下降，人们对河塘就已没有了夏天的那种肌肤之亲的渴望。因此尽管水面在下降，那一潭幽绿的河水看上去却越发充满凉意。一泓秋水照人寒，水之深浅如心之深浅，人们在乎的往往不是它有多深，而是它的凉热。

一场秋雨一场寒，这是大致的温度走向，但气温常常有“回

金秋的『黄金茧』，图个好口彩

头潮”。此时桂花将开，气温的异常升高被称为“桂花蒸”。这个好听的名字在感知上却让人极不舒服。江南人对于“桂花蒸”的忍耐力比三伏还要不足， 因为在他们看来，夏天的火热是理所当然，但耽误了国庆出行的“桂花蒸”就有点过分了。幸好“桂花蒸”只是兔子的尾巴，一天中只有那么几小时，总比秋雨绵绵的愁苦要让人好受些。

说是中秋，但农民的中秋蚕饲养已经结束，一年中最后的晚秋蚕开始发种。此时的田野里，呈现出一番“大满”之景：芋艿冈的造型如盆景一般通透灵秀；小桑苗叶在变黄之前呈现整齐而深沉的绿，为晚秋蚕提供物资保障；菊花塄头是极难管理的，却被勤劳的江南人打理得像艺术品，沟、苗、绳、桩整齐划一，从石门民丰到凤鸣建胜的十里乡间，数千亩这样的菊花塄头含苞待放；水稻灌浆基本完成，稻穗黄绿相间、含羞低首，沟渠间点缀的秋英花缤纷异常，映衬着稻田的低调。“大满”的收入未必能大满，自古农桑，除却补给衣食、丰实仓廪以外，更隐藏着一种向上的精神和社会稳定的渊源。

“天光如水，月光如镜，一片清辉皎洁。吹来何处桂花香，恰今日、平分秋色。芭蕉叶老，梧桐叶落，老健春寒秋热。须知光景不多时，能几见、团圆佳节。”一年光景不多，一生光景亦不长，故遁世无闷、无欲则刚并非单纯地逃避，恰如月的阴晴圆缺，在合适的时间做合适的事情才是圆满。

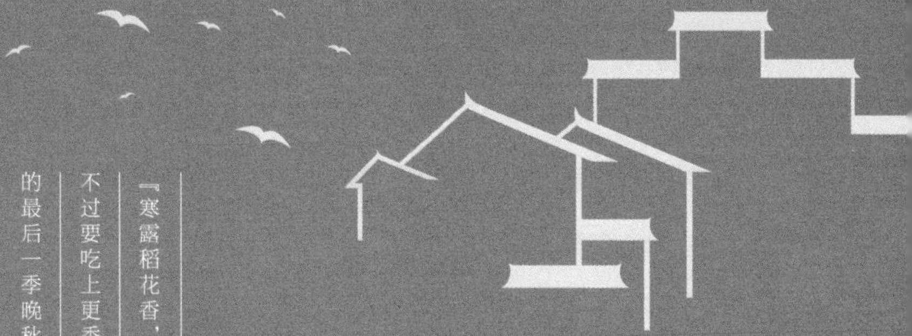

寒露

HANLU

『寒露稻花香，秋蚕最后忙。』此时稻子的浆水已满，随时准备开镰，不过要吃上更香糯的新米，最好再等上半月左右。农民们也在为一年中的最后一季晚秋蚕忙碌，晚秋蚕的饲养量不大，谈不上什么丰收，却因为天气相对舒适，没有像早秋蚕一样被舍弃。

寒露时节，秋风横扫大江南北，太阳光越过赤道向南回归线挺进，舒适度比秋分时更进一层，气温亦更下一层。

一位不喜欢诗词的朋友有天突然感觉到秋的凉意，问：哪一首诗最能代表秋天？下意识中跳出来的，是曹丕那伤感味十足的《燕歌行》：

秋风萧瑟天气凉，草木摇落露为霜。
群燕辞归鹄南翔，念君客游思断肠。
慊慊思归恋故乡，君何淹留寄他方。
贱妾茕茕守空房，忧来思君不敢忘，
不觉泪下沾衣裳。
援琴鸣弦发清商，短歌微吟不能长。
明月皎皎照我床，星汉西流夜未央。
牵牛织女遥相望，尔独何辜限河梁。

因秋的气息已近浓厚，只有这种一韵到底的长诗才觉过瘾，且以江湖地位论，此作确可称咏秋宗师之作。在寒露这样露重而未寒、风凉而未瑟的情景之中，感受尤为真切。

在阴阳历相近的年份，寒露近重阳。在地处江南的桐乡一带，人们似乎对传统节日有着自己的一套理解，越是大家都知道的传统节日，在这里越不受待见，元宵节不吃汤圆与团圆饭，端午节不吃粽子，重阳节也一样悄无声息。只是因为两个九字的重合，才让人稍稍记起：哦，今天是重阳节啊。

“乾玄用九，乃见天则。”古人认为，奇数为阳，偶数为阴，九为奇数之最，九月初九即为阳中之盛，故佛家有“九九归一”的圆满之说。且“九”与“久”谐音，故现代人求爱送花也是以九为单位，而九月初九作为老年节的确是寓意极佳。然而这些说法毕竟只是一份倡议，家风淳良之门，虽贫却安，老人天天都过重阳节；道德沦丧之户，弃老如敝屣，恨不能售之，心不得安宁，就像九百九十九朵玫瑰无法盛开在失败的婚姻里。

无常的天气，常被记于地方志之中，如“嘉定十六年，两浙郡县水灾，湖、秀尤甚，漂没民庐，溺死甚众”“嘉靖二十三年，嘉湖大旱，稻禾无收，米价腾贵，民食草木”“民国三年五月十一日，大风历两小时，冰雹大如拳”，等等。现代人对气象的预测预报越来越精准，对灾情抗击有了越来越多的办法，但始终无法捉摸透气候的脾气，局部地区猝不及防的洪水怪风时有发生。人们渐渐对“早穿棉袄午穿纱”不再大惊小怪，对“脱去短袖穿大衣”也习以为常，四季分明只在春秋数日，夏冬依次占据大头，像寒露这样冷热适宜的节气越发显得稀有。对于越来越怪异的气候，我们更应当好好理解与相处。

秋上烟雨楼

从罗家角看当年乾隆走过的水路

“江涵秋影雁初飞，与客携壶上翠微。”空气爽朗而通明，三五好友，登高览胜，能喝酒的喝酒，不会喝酒的泡一杯茶，自是秋日里的一件美事。但勤劳的桐乡人对时间十分“吝啬”，很少能有空放下手头和心里的包袱尽兴游乐。况且桐乡一带没有真正意义上的登高之处，昔时的甑山、东山、王家山等等，只不过二三丈的土埠，保留下来的梵山、岑山、天中山，在盖天铺地的连苑高楼之中更显得矮小憋屈。好在桐乡人比较容易感到满足，他们勤善和乐观的性格，可以把五河泾集镇当成大都市，也可以把假山头当作黄山，登的是兴致、是满足、是乡情、是与气候相一致的和谐。且作得一番风雅无边之句：“篱东三径曲而幽，满眼黄花傲晚秋。且喜登高多胜概，呼朋携酒蟹山头。”但凡有一点点高度的地块在这里都成了文化的点睛之笔。城里人不必嘲笑其井底之蛙，正如农村人不会看不起他们分不清芋艿与慈姑一样。

“寒露稻花香，秋蚕最后忙。”此时稻子的浆水已满，随时准备开镰，不过要吃上更香糯的新米，最好再等上半月左右。农民们也在为一年中的最后一季晚秋蚕忙碌，晚秋蚕的饲养量不大，谈不上什么丰收，却因为天气相对舒适，没有像早秋蚕一样被舍弃。经过大约七昼时（昼夜）的老蚕期，蚕宝宝开始上山作茧，这也意味着历时半年的蚕宝宝饲养正式结束。此时，人们开始准备下一个节目：采菊花。西片土地流转率高的乡村就相对闲了下来，那里的人们往往选择这个时候给子女们“单茶报结”（定亲），这也是最后一次收成的最好应景。

鸿雁来宾，雀入大水为蛤，菊有黄华。

明朗的变换加上了神秘阴阳之物的潜移默化。

“先至者为主，后至者为宾，盖将尽之谓。”最后的那一批鸿雁，或许是恋家，或许是耍大牌，直到客观条件不允许它们再待在北方，才会姗姗南迁。老话讲“迟来和尚吃厚粥”，晚一点到达反而让人们误认其尊贵。当然，鸟儿们没有人的心机，没有处世法则的算计，随性而为，随天而动，你们修你们的绝世神功，我飞翔在我的白云天空。

雀入大水为蛤。与其说古人的知识面有限，不如说其想象力丰富。鹰可以化为鸠，老鼠可以化为鸟儿，鸟儿又可以化为贝壳，很天真地体现了一种万物共生的理念。寒露时，黄雀一类的鸟儿或藏或迁，水中开始出现蛤蜊一类的小型贝类，化动为静，化显为潜，营造一派秋的肃静。多年以前，运河边的浅水里也有很多与蛤蜊长得一样的小贝壳，游泳时摸一堆，吃乘凉夜饭时炖炖（蒸），可谓人间至鲜，以致现在还有没搞清楚蛤蜊是生活在海水还是淡水里的人。

“诸花皆不言，而此独言之，以其华于阴而独盛于秋也。”花的盛开和人的快乐一样，需有合适的条件。“花开不并百花

红色的水塔站

在黄色稻田的尽头

从”，秋菊开放的时间特立独行，而桐乡之菊在理论上应当开花的节气时还是垄上的一片墨绿，丝毫没有开放之意。完全盛开甚至要等到立冬后，从暮春时的栽种至初冬的采收，一朵花需经历四个季节，还需特有的气候和土壤，故茶饮人士称杭白菊品质独绝。

“有一种思念叫望穿秋水，有一种寒冷叫忘穿秋裤。”网友写的《秋裤“赋”》颇为真实：“我要穿秋裤，冻得扛不住。一场秋雨来，十三四五度。我要穿秋裤，谁也挡不住。翻箱倒柜找，藏在最深处。说穿我就穿，谁敢说个不。未来几天内，还要降几度。若不穿秋裤，后果请自负。”事实也是如此，扰人的秋雨就喜欢在适宜外出的温度里来凑热闹，“淫雨霏霏，连月不开”，等雨过天晴，已是深秋时节。几十年光景，天公作美的日子没有多少天。

寒露是季节变换最明显的一个节气，冷空气的排头兵陆续进场，但人们还是盼望着冬天的脚步来得更慢一些，毕竟空调虽能取暖，但绝大多数人内心还是更喜欢生活在舒适的自然界中。

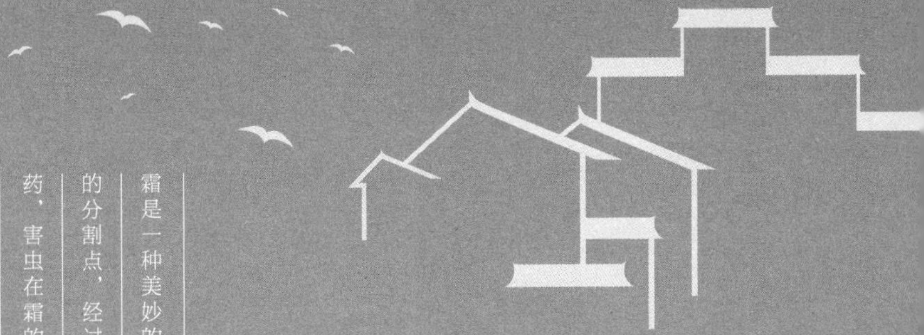

霜降

SHUANGJIANG

霜是一种美妙的存在，在农事上，晨霜是秋冬的分割点，也是作物生长的分割点，经过霜打之后，大部分蔬菜便不需要再施用除草虫防病的农药，害虫在霜的震慑下藏而不见，青菜之类的作物内部糖分得到转化，口感更加美味。

林帝浣说："以花事次第记载时光，于是岁月含香。"古人有"二十四番花信"的说法，讲的是从小寒到谷雨八个节气中有二十四种花相继盛开。照这种算法，一年就应该有七十二番花信，平均每五天就有一种花开放。当然这只是理想的状态，或者说远不止七十二种，只是像人们喜欢看热闹一样，大多数花也喜欢挤在一个季节开放。许多色彩也因此被埋没了。

在秋天开放的花，比起春天自然要少很多，中秋至深秋，最有代表性的是桂与菊，而把菊花当成经济作物来看待的，恐怕也只有桐乡人了。

明末清初至今，菊花作为农家的收入从未断绝，自民国时突破保鲜技术，再到近二三十年突破杀青技术

菊田的午餐，吃什么并不重要

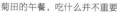

之后，这朵被称为“杭白菊”的花儿成了无与争锋的特色农产品。20 世纪 90 年代至 21 世纪初，种菊的经济收益也算得上十分可观，当地许多三层小楼都是靠着“一株桑、一朵花”建造起来的。可随着收入渠道的不断拓展，种菊带来的增收日益减少，2021 年胎菊收购价达到 9 元一斤，也依旧没有提起人们种植菊花的热情。

种菊之事工序之复杂，堪与养蚕相媲美，不说从种植到采收的半年时间里所付出的精细管护，单看一般人理解中最赏心悦目的采菊也并不是轻松的事。倘若在天朗气清的日子里采上一个小时，确实有点儿“采菊东篱下，悠然见南山”的感觉。如果遇到寒风凉雨，拿着蛇皮袋在水沟里深一脚浅一脚地挪移，一天下来，腰酸背痛，满手黑黄，劳作的艰辛只有自己知晓。“霜飞隐隐似陶家，浩浩天荒尽白霞。此景无关农作事，半年辛苦一畦花。”这也正是诗意与生活的距离。好在现代的加工技术有了革新，农民采了一天之后可以直接将鲜菊花卖给商家，省去了一番熬夜加工的辛苦和靠天晾晒的等待。

桐乡栽培杭白菊的历史已有 400 多年，但杭白菊这个名字只被叫了不到百年，在桐乡有一个“张冠李戴杭白菊”的故事广为流传：

约在 20 世纪 20 年代，桐乡的白菊花就以其色、香、味、形“四绝”，成为饮用菊花之上品。桐乡有个菊花经销商叫朱金

采花的大妈，也是那时的美女

桂花，在桐乡的秋天里只能排第二位

伦，白菊花由其收购后再经安徽茶商汪裕泰转手销往新加坡等南洋国家。菊花是一种极易霉变和虫蛀的东西，在当时的技术条件下，朱金伦解决了包装储存这个难题。他把一只只肚大口小的甏，先放在炭火上烤一烤，驱赶掉甏里的潮气，再把一包包晒干的菊花一层一层地放进甏里，每层之间放上一些包裹好的生石灰，用于吸潮，最后密封甏口。南洋商人梁老板收到徽帮茶商汪裕泰发出的第一批菊花，一打开甏的封口，菊花的阵阵清香飘逸而出。拿出来一看，一包包方方正正，很干爽。只见每个封包上都贴着一张绿色的贴纸，上书“蝴蝶牌杭白菊”，落款是“杭州西湖金伦茶菊庄”。落款下面还有一段文字：“本庄不惜巨大工本，在西子湖畔购地数千亩，聘请工匠，精心栽培，所产茶菊，非同一般，欲买正宗杭白菊，请认准蝴蝶牌商标。”梁老板一脸惊喜，忙打开封包，撮了几朵菊花，放进茶杯，沏上开水。只见朵朵菊花在水中竞相开放，花瓣层层叠叠，花色洁白晶莹，花香清新扑鼻。梁老板不禁拍手叫绝。杭白菊在南洋的需求量因此大增，精明的梁老板心里打起了小算盘。既然知道杭白菊产于西子湖畔，何不甩掉汪裕泰这个中间商，直接去杭州找金伦茶菊庄，这样一来，获利不是更丰厚了吗？于是，他带了几个伙计，漂洋过海来到杭州，四处打听金伦茶菊庄。可寻遍了西子湖畔，竟然丝毫不见杭白菊踪影。无奈之下，只得悻悻而归。原来，徽帮茶商汪裕泰熟谙商界竞争之道，与南洋梁老板在茶叶生意上曾打过数年交道，知道梁老板是个贪心之人，与其交往，必须处处设防。于是就虚晃一枪，把白菊花的产地说成是“杭州西子湖畔”。在当时交通不便、信息不灵的环境下，汪裕泰的“张冠李戴”之计，还确实起了很好的自我保护作用，使梁老板“过河拆桥”的想法化为泡影。然而，桐乡特产白菊花，却从此被冠以“杭白菊”的名字。

这个故事听起来合情合理，虽说所谓的置地千亩菊园与杭州无半点关系，但在名声上也沾了西子湖畔的文雅，同时，杭州也乐得一种名称优雅、情调高洁、芳香馥郁的花儿以她的名字来命名。故诗云：“弹压西风擅众芳，十分秋色为君忙。”为行天下传清气，桐菊何妨便姓杭。

桐乡人与菊花，好比临安人与山核桃、安吉人与白茶、开化人与青蛳。沉积了四百余年的田园芳香，承载了十几代人的勤劳梦想，晨曦晚霞中的身影更是透着满满的正能量。无论是产业萎缩、价格迷茫，还是市场波动、效益彷徨，总有一条出路隐隐通向远方。

多数人赏菊，都在中秋，有酒有蟹，黄花满地，所谓“东篱把酒黄昏后”“和露摘黄花，带霜烹紫蟹。”但桐乡的菊花要等到霜降后期才逐批开放，一层一层往上冒，持续一月有余。自从流行采收胎菊（花蕾）之后，便很难见到田野菊海的景象了。

秋天的江南，因为一朵菊花而多了一分香气，也多了一分萧瑟之外的蓬勃，将原本属于秋的“素秋、谢风、霜辰、衰草、疏木”这些秋天的字眼变成了“连绵、雪白、绿垄、收丰、香溢”这样炽热的情绪。古人所说的“删繁就简三秋树”，说的是季节，更是农民的手。

桐乡的霜降大部分时间还属于无霜期，早晨见霜需待到立冬之后，给杭白菊的采收和水稻的收割留足了时间。霜是一种美妙的存在，在农事上，晨霜是秋冬的分割点，也是作物生长的分割点，经过霜打之后，大部分蔬菜便不需要再施用除草虫防病的农药，害虫在霜的震慑下藏而不见，青菜之类的作物内部糖分得到转化，口感更加美味。在意象上，红衰翠减未尝不如百花争艳，“月落乌啼霜满天”“鸡声茅店月，人迹板桥霜”“万类霜

水塘没有颜色，却是颜色最好的媒介

天竞自由”等，每一个霜字都带着清新雅致。“试上高楼清入骨，岂如春色嗾人狂。”人的诗情少了一分轻狂，多了一分清爽。在生活上，某个早晨，忽见园中的小草上多了层微白的薄霜，孩子们上学的脚步由春天的欢快奔跃变成略显稳重的谨慎前行，西风吹过脸庞的威力也让他们多了一份感性的理解。成长也是如此，饱经风霜，才能次第春风。

豺乃祭兽，草木黄落，蛰虫咸俯。

看似萧条气象，实则井井有条。

“飞者形小而杀气方萌”。在八月下旬的处暑节气，作为飞禽代表的老鹰体现的是鹰乃祭鸟。两个月后，秋天即将落下帷

幕，“走者形大而杀气乃盛”，故作为走兽代表的豺体现的是豺乃祭兽。从季节的演进上来说，豺比之于鹰、走兽比之于飞禽，级别更高，程度更深，实则是飞禽比走兽的感官更加敏感，但它们不论如何都要强于人类，不需要依靠仪器和技术来感知冷暖变化。对江南水乡的人来说，豺是一种神秘的存在，甚至在动物园里都难以见到，只听说是一种长得类似狼狗的凶猛的野兽，在走兽的排名中，因“豺”与“才”同音，又兼狡诈灵活，故身居豺狼虎豹的首位。可以想象豺在捕获猎物后享用前的那种嘚瑟的状态，不知是自我陶醉还是庆幸天地的恩赐，动物的肢体语言藏着对人心的启示。

阴气始生数月，渐近于盛。草木体内原本旺盛的新陈代谢随温度降低而逐渐减缓，落叶植物的叶绿素减少，花青素和叶黄素增多，因内部的质变而传递为感官上的色彩，燃尽一年中最后的光鲜，为下一个初春绿叶的萌发让路。其实常青树植物也有落叶，只是叶子的生命较长，新叶的生长与老叶的褪落同时进行，才让人觉得四季常青。也正因为四季常青，人们才感觉不到季节的更迭。从视觉的角度看，落叶植物更能为季节代言，一如经历过磨难的人更有发言权。

咸，意为全部；俯，意为蛰伏。从九月下旬蛰虫坯户，到十一月初的蛰虫咸俯，历时一个多月，虫子们已充分做好了冬眠的准备。当然这也是一种理想的状态，正如不可能每个人都会有舒适的房子，临近立冬的暖阳下，仍有许多虫子在路边的草丛里为过冬而忙碌。

“沐春风而思飞扬，凌秋云而思浩荡。”处于不同的场景，秋天可以是悲情、是寂寥、是惜别，更可以是清爽、是磅礴。秋后问斩是在秋天，庄稼丰收亦在秋天，送君离别是在秋天，满腔诗情亦在秋天。秋天包含了多情、悲戚、喜悦、旷达等种种人生的境况与滋味。在秋天这难得的好时光里，我们应该好好地感悟大自然赋予我们的一切。

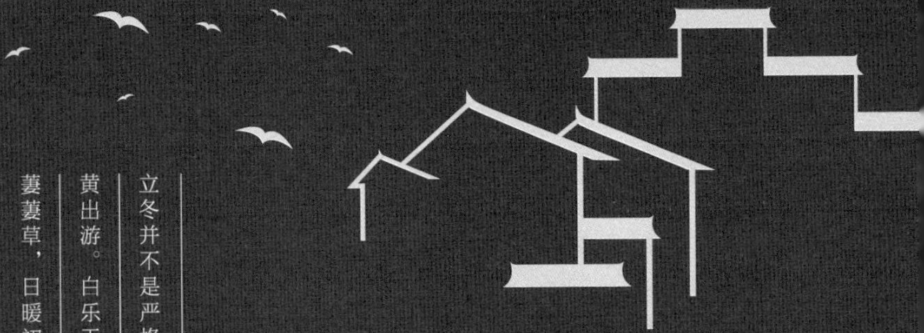

立冬

LIDONG

立冬并不是严格意义上的冬天，此时的气温常在十几度，适宜趁秋深叶黄出游。白乐天诗云：『十月江南天气好，可怜冬景似春华。霜轻未杀萋萋草，日暖初干漠漠沙。老柘叶黄如嫩树，寒樱枝白是狂花。此时却羡闲人醉，五马无由入酒家。』

立冬在十一月初，农历十月头左右。古志云：“日循黄道东行，一日一夜行一度，三百六十五日有奇而周天。行东陆谓之春，行南陆谓之夏，行西陆谓之秋，行北陆谓之冬。”故有“西陆蝉声唱，南冠客思深”之咏叹。立冬在黄道的走线上具有里程碑式的意义，天地进入一片新的时空。

此时的江南，细雨生寒，寒尚无力，稻田极黄，菊花正鲜，这一茬收获之后，种下一些作为补充的春花，一年的农事便基本结束，从秋收转入冬藏。冬藏除了藏物、藏钱之外，还要藏膘，于是人们把立冬吃鸡这个风俗不断发扬光大。味蕾是最好的驱动力，立冬夜，微信群里一大半图片都是晶黄油亮的神仙鸡。接着，人们会好好地将自己打理一番，理个发，相个亲，约着进城买个衣服。久居城市者则喜欢到农村透透气，隔三岔五约人相聚，吃个羊肉、涮火锅，在不知不觉中等待冷得不想出门的那天到来。

有些江南人常以是不是肚鸡（土鸡）来辨别一只鸡的好坏。在人们只要有肉吃就会很满足的年代，流行高密度养殖的大白鸡，村口路边的烧鸡烧鸭摊头也成为客人突然造访家中时临时“接待”的首选，只有刚刚发育的小孩才会有每年一只钵头神仙鸡的待遇。随着口味要求的不断提升，人们对土鸡的要求也越来越高。其实鸡的养殖只要符合一个前提和四个条件，便是一只标准的美味鸡。

前提是有合格的免疫程序，也就是打了预防针。四个条件，一是养殖的时间达到六个月，但公鸡不宜超过一年，因为江南人常见的吃鸡的方法是煲汤和白斩，桐乡尤甚，母鸡宜煲汤，雄鸡宜白斩，超过一年的鸡，白斩肉质太老，缺乏活性，且头部重金属含量较高，所谓“十年雄鸡毒如砒”是有一定道理的。二是有足够的运动，一天到晚在外面奔跑的鸡肯定线条优美，肉质均匀。三是有足够的阳光，和植物一样，光照是促进养分转化的动力。四是食物以商品饲料以外的土饲料为主，比如谷子、玉米等，适度地吃一些商品饲料也无妨，正如人们也在不停地吃补品。相反，在灶角边和屋前屋后没有约束，养殖时间太长的土鸡，在卫生状况上反而有一定的风险。符合这四个条件，定能煲出土鸡中的“战斗鸡”。

在竞相吃鸡的时候，生活在江南的北方人开始吃饺子，并且把这一习俗的领地慢慢扩大。饺子谐音“交子”，寓意季节变换相交，只要想吃，就不怕没有理由。

立冬之后，除了吃鸡，其他的一些热门食物也开始陆续上桌，比如堪称桐乡十大美食之首的红烧羊肉及羊肉面开始大肆流行。红烧羊肉须用唐锅（直径 1 米左右的超大铁锅），才能烧出肥而不腻、香而不膻、酥而不散的正宗口味。因为排场比较大，

孩子的欢乐也是一种丰收

云与稻田的唱和

所以红烧羊肉并非想吃就吃的家常小炒，只有在酒席或特色饭馆才能吃到。塘北安兴一片的婚嫁餐桌上，一张方桌常常会摆上三四碗红烧羊肉，不够还可以到灶台上“续杯”，红烧羊肉成为酒席上最风光的菜。哪一家的羊肉面味道如何，更是在民间信息中清晰了然。

享受完诸多美食之后，年末的农事也渐次开始了。稻浪菊海进入收获的高潮，金黄加雪白，穿插着几片光着枝丫的桑地。且不论经济效益，场面已经十分壮观，因此早些年桐乡办菊花节，时间都选择在立冬左右。农民们则忙于田间，常常不太会在乎回家后吃什么。

每个季节的第一个节气，古时候的达官贵人们总要搞几个仪式，立春时有郊外迎春，立冬时也有郊外迎冬。古人早已理解了物极必反的道理，立冬时阴气趋盛，但由盛至衰只在旦夕之间，所以迎来终结，便是迎来开始。

冬，从终，结束的意思。解读汉字是一件非常有趣的事，现在教学对文字的要求往往是熟能生巧、会读会写、背诵字意，而象形、会意、指事、形声这些方法只在课堂上一带而过。倘若能在课堂上进一步发掘文字的内涵，语文课将会生动很多。音韵、训诂这些古人眼中的基本知识，现在看上去可能过于深奥，如果能通过某种通俗化的渠道打通隔阂，替代一些不必要的死磕，那么这将成为现代语文教学之中“双减”的好例子。如“春夏秋冬”四个字：春，看见太阳从地面上升起来，村上的土地里长出了青草；夏，刚开始像一个舞蹈的人，后来渐渐变成了两个人，面对面捧着一个祭祀的酒杯，华夏的礼仪之大就藏在这个字中；秋，起初是火上烧着一只害虫，后来变成了禾苗像火一般的丰收；冬，起初是一根弯曲的绳子，两头为两个圆圈，代表了从开始到结束，后来变成了房子下面挂了冰凌，再后来冰凌变成了两点。

每一个文字后面都藏着一个生动的故事，汉语文化的传承需要从源头入手，正如真正的农学家，必须要有一片自己的田地。

水始冰，地始冻，雉入大水为蜃。

立冬三候与吃无关，没有味觉的感知，却在视觉上相较于上一个节气直接换了一种颜色。

水始冰非指结冰，而是指水开始冰凉。在长江流域，立冬还是十月小阳春，白露为霜才刚刚开始，水不可能成冰，但不难感觉到，生活之中与水接触时多了一种寒冷刺骨的感觉。立冬夜负责杀鸡的人最有感受，土鸡煺毛之后，用冷水汰，翻鸡肚肠，剥鸡硬肝，几番下来，手心手背通红。在太阳未出的清晨，植物叶端会出现细小的冰凌，由水到冰，正在酝酿之中。

冻，不一定要在 0 度以下，气温下降明显，似冻而非冻，

最是橙黄橘绿时

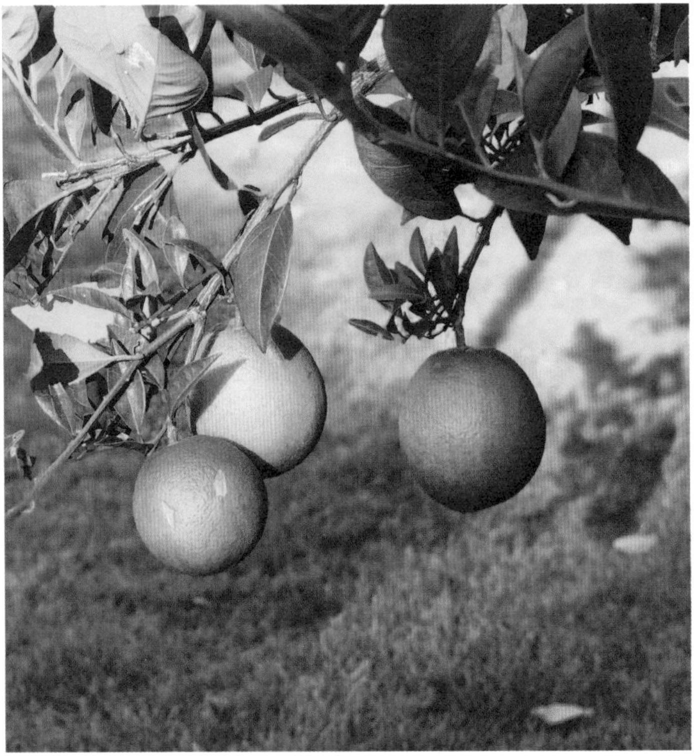

柴遮头，小时候玩捉迷藏的理想之地

土壤进入由熟转生的过渡阶段。翻地也叫作垦地，入冬后垦地，既锻炼了土壤，又锻炼了人。“啃地”与“啃书”是一个道理，真理往往是冻住的，肯啃才能化。

雉为野鸡，蜃为大贝类，物类的转化贯穿于二十四个节气。从寒露时候的雀入大水为蛤到立冬的雉入大水为蜃，小鸟变成了野鸡，小贝类变成了大蚌壳，连类而及，寄之有形而化之无形。

立冬并不是严格意义上的冬天，此时的气温常在十几度，适宜趁秋深叶黄出游。白乐天诗云：“十月江南天气好，可怜冬景似春华。霜轻未杀萋萋草，日暖初干漠漠沙。老柘叶黄如嫩树，寒樱枝白是狂花。此时却羡闲人醉，五马无由入酒家。”白公在苏杭为官数年，真实了解江南的性情。但节气分明将秋天的红黄在立冬到来时涂上了微白的标签，人事的色彩和季节的色彩就需要更加合理地调配。

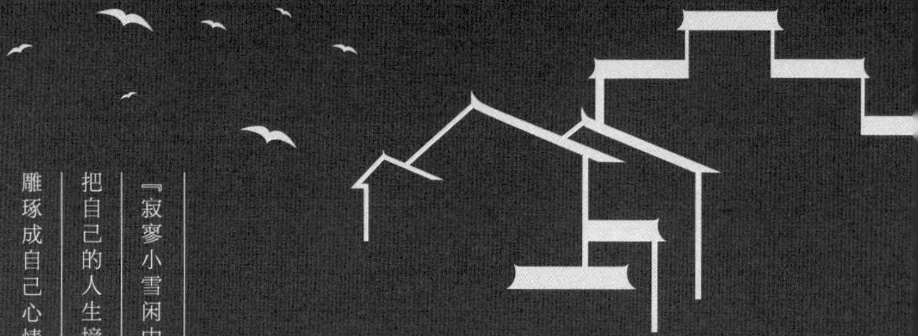

小雪

XIAOXUE

『寂寥小雪闲中过，斑驳轻霜鬓上加。』对季节多愁善感的人，很容易把自己的人生境遇与草木凋零的节气挂钩，把风云雨雪、鸟鱼虫草，都雕琢成自己心情的替代品。……以我观物，故物皆着我之色彩，小雪的色彩变化便是由渐变到突变的一段过程。

二十四节气之中有“三大三小”，小暑大暑与小寒大寒互相呼应，代表了天地间至冷至热的两种状态。偏偏还要冒出小雪与大雪这样两个节气来，似乎有意打乱循序渐进的节奏，且用一个“雪”字，有把冬天推向高潮的欲盖弥彰之势，殊不知这只是漫长冬季的开始，这也正是节气难于捉摸的魅力所在。

小雪节气，离一年中漫漫长夜的黄经 270 度越来越近，小阳春的天气越来越少。许多时候，天气会骗人，但季节不会，随季节而变化的自然色彩更不会。落叶植物的颜色变化加速，傍晚才见满园红叶，第二天清晨叶子就都覆在了汽车顶上，树木只剩下光秃秃的枝杈。天气预报也在一波一波的降温播报里急促起来，近年的降温节奏更是经常让人猝不及防。后半夜被冻醒，在梦中又没有毅力起床加被，只得蜷缩成一团，半夜起来上厕所，听见窗外嚣张的西北风声。“十月廿三冻犯人”，说的是人世的无常，更是造化的无情。

“寂寥小雪闲中过，斑驳轻霜鬓上加。”对季节多愁善感的人，很容易把自己的人生境遇与草木凋零的节气挂钩，把风云雨雪、鸟鱼虫草，都雕琢成自己心情的替代品。可以是“归到玉堂清不寐，月钩初上紫薇花”，可以是“自在飞花轻似梦，无边丝雨细如愁”，

遗忘在乡村小店门口的篮子，
成了最好的装饰

老树残阳

生长了大半年的茅针草，
美如蒹葭

也可以是“江阔云低、断雁叫西风”。以我观物，故物皆着我之色彩，小雪的色彩变化便是由渐变到突变的一段过程。

小雪名字动人，经常会有姐妹俩，一个叫小雪，一个叫大雪。江南人早些时候取名字也有喜欢带“雪”字的，女的常见有“雪娥、雪文、雪宝、雪芳”等，男的常见有“雪根、雪松、雪强、雪荣”等。“雪”可谓取名的十大常用字之一，也从一个侧面反映了人们对雪的期待，一听见冬天来了，巴不得天天下雪。小雪来了，下雪还会远吗？江南人看到雪的那种兴奋是北方人无法体会到的。

虹藏不见，天气上升地气下降，闭塞而成冬。

天地开始关闭互相往来的通道。

虹藏不见，“见”字读作“现”音，与“风吹草低见牛羊”中的“见”一个读音。虽然意思相近，但“见”字是从人们主观的角度去看，“现”字则把自然现象拟人化，表明它的出现或消失不受人们视线的制约。彩虹始现于四月下旬，小雪后阴盛阳伏，于十一月下旬消失。虽然有大半年的时间，但人们能看见它的机会少之又少。关于彩虹，有一个十分形象的默子（谜语）：“红线绿线，通到嘉兴濮院。”解释了天边那一道七彩之光是可望而不可即的自然杰作。彩虹虽然被现代人看作稀奇的气象景观，在古代的寓意里却有喜有悲。可以是气贯长虹，也可以是白虹贯日，可以是虹销雨霁，也可以是旱龙吸水，虽然都是人的意念，但这种意念源于对天气现象的总结。

天与地越拉越远，阴与阳的态势也日趋明显，阴盛阳衰，阴阳互不相通，天地之气闭塞，导致万物生长近于停滞。如果说立冬只是一个冬天的开工仪式，那小雪便是冬天的施工班组正式进场，标志着冬天的帷幕正式拉开。闭塞而成冬就成为天气上升地气下降的必然结果。从全国来看，因为节气源于黄河流域，江南文化虽然精致细腻，毕竟还算不上主流，所以在几乎所有关于二十四节气的文字里都首先讲一个“雪”字，实则江南小雪离下雪的日子还有很长一段距离。

此时的农事，看似清闲，却要为来年的丰收打好基础。冬耕复种、沟渠清淤、水利设施维护保养等敲敲打打补补弄弄，虽没有农忙时的那般节奏，但也对来年的农业生产有着至关重要的意义。各个地方也会制定今冬明春农业生产的指导方案，从农业的基础地位看，这是休养的节气。

休养不等于荒废，冬闲更不等于懒散。《诗经·唐风·蟋蟀》有云：“蟋蟀在堂，岁聿其莫。今我不乐，日月其除。无已大康，职思其居。好乐无荒，良士瞿瞿。”翻译成白话就是：忙碌但不要盲目，放松但不要放纵。欲望的表达一定要张弛有度，才会形成周而复始的良性循环。

小雪初寒，正好给发热的头脑降降温。有人认为，在农耕

20 年前的铁锁与 100 年前的门环
守护着 200 年前的房子

小雪过后的菜鲜甜无比

文明慢慢淡出我们视线的时候，我们隐约感觉到了文化根部的贫瘠。就像在称之为小雪的时节，江南却没有下雪一样，总觉得少了点什么。在寒意初次袭来的小雪，我们应当对之前的急功近利作一次好好的清洗 ，才不负季节的规则和来时的旧约。

大雪

DAXUE

等待雪的过程是漫长的，雾倒是此时的常客。江南的雾与水是诗与词一般的完美搭配，沙白先生在《水乡行》里说：『水乡的路，水云铺，进庄出庄，一把橹……水上起暮雾，儿童解缆送客，一手好橹。』云雾缭绕的江南像楼台深处持扇轻歌的女子般隐约动人。

“时雪转甚，故以大雪名节。”对于江南人来说，这个结论似乎并不准确。当然这并不是理论出现了偏差，只因我国地大物博，时序轮转有先后而已。尽管大雪时冬天已覆盖大江南北约 90% 的面积，江南地区也已正式入冬，但依然未达到下雪的程度，气温在 10 度上下，偶尔出现的 0 度低温可以引来大片的噱头文章。

等待雪的过程是漫长的，雾倒是此时的常客。江南的雾与水是诗与词一般的完美搭配，沙白先生在《水乡行》里说：“水乡的路，水云铺，进庄出庄，一把橹……水上起暮雾，儿童解缆送客，一手好橹。”云雾缭绕的江南像楼台深处持扇轻歌的女子般隐约动人。

许多江南人称雾为雾露，形象地说，雾是露珠被无限打碎后分解在空气中的游离状态，游离在田间，游离在水面，游离在树梢，游离在早起的上学路上，游离在文人的心间。“云窗雾阁春迟”“香雾空蒙月转廊”，让原本清晰的景物有了云山雾罩的效果，成为自然界自我渲染的一手高招。已经长大的农村孩子们，估计仍忘不了一个个雾气弥漫的冬日清晨，骑车到达校舍时打湿衣袖和前额头发的那片晨雾吧。

雾对农事有着重要的启示。“三朝雾露发西风”，说的是天气转凉雾气先行；“六月雾露，崩断大路”，

小时候的上学路

说的是天气炎热雾气亦先行。但是天气有时候像人心一样复杂，常常会有霾钻出来冒充雾，令没有警惕的人们受到毒害。

在汉代《太初历》之前，人们一度以农历十月为新年。“十”字在过去人眼里也有着非凡的意义，第十个生出的孩子不称“十”，而以“全”字代替，阿全、全全、全毛、全囡、全家俚等，听到这类名字，便知某人在家中排行为第十，寄托了最为圆满的期许。

农村的婚事也在农历十月的大雪时节迎来高峰期，除了十月初一以外，其他日子在路边随处可见张灯结彩的结婚排场。不

因为美味，便无须分南北

论从哪个角度去看，十月都是结婚的最佳时节。首先，此时农事相对空闲，晚稻、菊花、蚕茧都已结果，节奏舒缓。其次是气温适宜，不会让人过分受冻，又可以热烈而不出汗，汛期也早已过去，天气以晴朗居多。再者是农家子弟，自古就很懂得合理分配，冬天酒席上的食物短期内不会变质，避免了过多的浪费。最后是因为刚刚进入冬天，人们内心深处隐藏的归属感被开启，春之百芳吐华，夏之行云布雨，秋之沃野千里，冬之繁花落尽，冬天联姻，让人们更加轻易地感受到归去的本意。

鹖鴠不鸣，虎始交，荔挺出。

万物的本性与人的欲望大不相同。

鹖鴠（hé dàn），这两个字的读音实在让人困惑。且让我

夹在新村间的老屋，也充满了新年味渐近的喜气

小桑苗出土，每一年的价格决定了农民手中的力道

们回到五年级冬天的某个早上，头发微白的语文老师操着一口标准的方言在青瓦房的教室里领读：“哆啰啰，哆啰啰，寒风冻死我，明天就垒窝……”学生们的心底在此时升腾起今后要做喜鹊不做寒号鸟的决心，堪称小学语文课堂上最令人难忘的十个镜头之一。鹖鴠便是课文中的寒号鸟，说其是鸟，是因为它长着一对像蝙蝠一样的蹼状翅膀，让人误以为是鸟类。其天热时身上长毛，过冬时反而脱毛打赤膊，加上其性情孤僻，喜欢在冬夜里号叫，就成了人们用来形容懒惰的反面典型。其实寒号鸟学名复齿鼯鼠，和人一样属于哺乳动物，因为生活条件和长相与鸟相似，故被冠以鸟名。这对江南地区来说又是一个遥远的物种，当然这种遥远是神秘而美好的。

老虎是最大的猫科动物，对人类来说是神龙见首不见尾的存在，相传也是猫最有出息的徒弟。始交，表现得直白了些，说发情可能更加含蓄。天气寒冷的季节是猫科动物发情的忙碌季，所以有谚语说：“狗起种田，猫起过年。”（起，发情的意思。）我们不太可能知道老虎发情是个什么样子，但在冬日寒冷的夜里，常可以听到弄堂口、墙角边、河滩头传来的那一声声略带恐怖的猫儿叫春之声回荡在整个村坊上。大人们常用这个声音来吓唬睡觉不安分的小孩子：“覅吵，再吵叫只野猫来驮去（叼去）。”

荔草，即马蔺草，又称马兰花、剧草、马薤等，源于台湾地区，根系发达，耐践踏。《神农本草经》说其“似蒲而小，根可作刷”“甘辛无毒，生宛句，五月采”。古人亦有“金气棱棱泽国秋，马兰花发满汀洲”“屋角尽悬牛蒡菜，篱根多发马兰花”的真切感受。此草在其他野草纷纷隐藏的冬天开始生长，足见其精神与个性。

品类之盛的动人不仅在于展示了状态的多样性，更在于其对季节喜好的不同，有喜春风，有喜雨水，有喜秋霜，有喜傲雪，无论怎样严酷的天气，只要有季节的存在，总有花草鸟兽常年更迭，或多或少，源源不断。也正因为如此，人们才能看到这多彩的自然。“一声梧叶一声秋”与“桃花依旧笑春风”，“寒依疏影萧萧竹”与“映日荷花别样红”便一样精彩。

当书中说着寒江独钓、似玉时节的大雪时节，江南人仍然在 0 度以上的初冬里迈着轻快而坚定的步伐向真正的冬天前进，在过年之前，他们还有许多事情要去完成。

冬至

DONGZHI

田野间铅华落尽，显现出泥土的本色。凤鸣的小桑苗开始大批量出地，田里翻苗的夫妻搭档，路边的小商小贩，都围绕一捆捆的小桑苗吆喝，冬至前后，晨雾里的草庵头集市显得热闹至极。

现代社会讲究效率，凡事求速战速决，拒绝夜长梦多，从发展的角度上讲这无可厚非。若从空间与时间的角度看，则可以更加宽容一些，倘若是长夜加美梦，多睡一会儿又何妨。

冬至那天，地球运行至黄经 270 度，影子被拉得无限长，谓“八尺之木影长一丈三尺五寸”，住在城市一层的人们恨死了楼前的那棵大树。从傍晚四点多到次日早晨六点多，黑夜陪伴的时间超过 14 个小时。如果条件允许，“身健在，且加餐，功名余事不相干”，老妻幼子，红茶瓜子，夜读后一帘梦境，不知比速战速决多出多少绵长的味道。

其实从黄河流域到长江以南，因为纬度的差异，并不能单一地以夜最长与夜最短判断冬至日与夏至日的具体日期，有经验的老农会告诉你：夜最长的那天

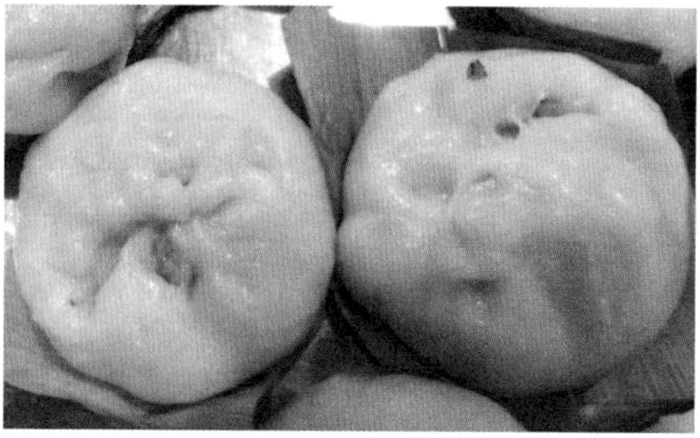

冬节馒馒，其貌不扬的美味，桐乡人称为『有吃呒看相』

萧萧红叶映白墙

其实在冬至日前五天左右。节气，只是四季之路上的一个个里程碑而已。

桐乡人眼中有两个“大如年”：“清明大如年”与“冬至大如年”，足见冬至的重要性。冬至前后的几天，被人们称为“冬节”，与之相比，夏至前后几天没有被称为“夏节”，可见与冬至相比，夏至只是期中考试，而冬至则是期末大考。

“冬节”前，人们会请一桌老阿太到家里来念佛，形成一批“元宝铊”，用于之后的祭祀。念佛老阿太一般由 8 人组成，工钱每人 25 块，下午三点左右吃一顿咸菜面。其中一人右手敲木笃，左手敲铜钟，两记木笃一记钟，是个技术岗位。口中念的是《西游记》里乌巢禅师传给唐僧的《心经》，经过多年方言的转音，早已听不出原本的内容了，“色不异空，空不异色”变成了“酸空空，搬空空”。心诚则灵，出钿是功德，大概就是指这个了。虽然只是一群老人在冬日里的一场普通活动，但当事人不论是主人还是念佛者，都会情绪高涨、聚精会神，其间又谈笑风生，值得当下的年轻人学习。

日光穿过萧条的树梢照着廊檐下酣睡的猫，冬天在虔诚的节奏里便不再寒冷。

“冬节”期间，人们按习俗祭祀，有祠堂的族居之地，有一大套的祭祀礼仪，有孔庙的地方，学生们也要祭祀孔夫子。祭祀分三步：先请菩萨，再请太太（祖宗），最后请“房里太太”。早些时候，祖宗从“太里太公”开始，用八仙桌一桌一桌地请，从早晨弄到下午，后来人们嫌麻烦，套用了请客人用圆桌的方式，“请太太”也改成了用圆桌，把所有的盅筷都摆上，一桌搞定，也算是移风易俗的一个缩影吧。

“请请拜拜”的仪式之后，随着急促的冷空气南下预报，菊花枯竭的秸秆被老人们绕成了一个个廊屋角落里的“柴遮头”，路边常见的无患子、山杜英几夜之间只剩光秃秃的干子，城市环卫工人抓紧在街头扫着满地的黄叶。田野间铅华落尽，显现出泥土的本色。凤鸣的小桑苗开始大批量出地，田里翻苗的夫妻搭档，路边的小商小贩，都围绕一捆捆的小桑苗吆喝，冬至前后，晨雾里的草庵头集市显得热闹至极。

“渐霜风凄紧”，数九寒天从冬至那天开始数起：“一九二九不出手，三九四九冰上走，五九六九沿河看柳，七九河开，八九雁来，九九加一九，耕牛遍地走。”九即九天，过了一九差不多是阳历的新年，三九四九正处于一月中下旬的大小寒，是最寒冷的时节，五九四十五天即冬至后的第三个节气，一元复始，进入立春，故名“春打六九头”。将一个节气的 15 天化成 9 天一节，最小公倍数为 45，配以文字，既形象又容易推算。

还有比《九九歌》更加斯文的做法。为了熬过漫长的冬天，有点文艺细胞的人会画上一幅黑白的梅花图，共计 81 朵梅花，从冬至那天开始每天给一朵花上色，再在边上题一行字，共九个

远处复兴号飞速而过，田野与芦花无惧诱惑

字，每个字都是九画，曰：庭前垂柳珍重待春风。等到画成字落，“九九消寒图”正式完工，春的气息已是十分浓厚了。一幅简单的画，蕴藏着民间的智慧与季节的奥妙，其用心用情之深不亚于名家大作。

冬至我们吃啥来着？来不及思考，答：吃鸡。当然是错误的答案。因为我们对吃没啥仪式感，一到冬天就想吃土鸡，所以这个错误的答案也是一个关于美味的顺水推舟。如果一定要说冬至真的吃什么，想想只有“冬节馒馒”了，其起源又与蚕茧的丰收相关联。冬节馒馒与清明节的实心青白圆子不同，皮薄馅多，以萝卜、肉末等为主料，除增加了祭祀时青白相间的色彩外，又增加了现代人对传统食物的念想，往大了说，是可以变成业态的食物。

蚯蚓结，麋角解，水泉动。

根据节气的要求，能屈能伸，能进能退。

冬至日阴气达到鼎盛。首尾互相连，起始亦是终点，鼎盛也是衰退的开始，亦是阳气始发之时。此时，蚯蚓（也称曲蟮）像长夜里的人们一样，还感觉不到那微弱的阳气，依旧躬曲着身体睡大觉，一个“结”字，将其睡相刻画得十分形象。江南肥沃的土地，介于优质的砂壤土与黏壤土之间，是曲蟮理想的栖息地。从钓龙虾的小孩到专业的垂钓者，都喜欢用曲蟮作饵料。孩子们都知道两个常识：一是曲蟮是帮助农民耕地的益虫（曲蟮不属于昆虫）；二是曲蟮可“断头再生”。因此，为了既能满足垂钓的需求，又能保障曲蟮的生存，人们可以将其一刀两断，一半用来作饵，一半扔回地里。“曲蟮污泥碰着天”，说的是一件事情的发展不可能无止境，否则蚯蚓的粪便不断堆积就能碰到天了，在戏谑中隐藏了辩证之理。

麋，就是通常所说的“四不像”。桐乡无山，除了偶尔能见到的黄鼠狼、野鸭之外，其他的野兽都生活在故事里，面对麋这样的东西，人们甚至不知道这个字该怎么读。只是所有的书中都说麋与鹿相对，一属阴，角朝后生长，一属阳，角朝前生长，故在阳气达到顶峰的夏至，鹿觉阴气生而解角，在阴气达到顶峰的冬至，麋觉阳气生而解角。

水泉动似乎离我们更遥远，历代县志中的所谓某某泉，大多只是井泉或清冽的池塘而已，现代人要喝山泉水，也只能购买塑料瓶中的商品水。因此，水泉动在现代人看来，不如直接化作寒冬里一杯热气腾腾的茶。

“冬至阳气起，君道长，故贺。”天之道，亦是君之道，此道之长，除天道周星日子渐长以外，更包含了人生的雄关漫道之艰长。

小寒

XIAOHAN

对于江南地区的桐乡人来讲，以大小分寒其实挺科学的，小寒确实比大寒略逊一筹，小寒偶有回暖，大寒几乎没有。而且经过一段长时间的低温，土地也从表面到深处彻底冷了下来，即便气温一样，大寒也冷得更加深沉。

江南一带，人们为了跟上生活的快节奏或迫于跟上别人的快节奏，满足感便不再来源于衣食丰足、车船出入。所以有人说：这个世界上最奢侈的事情是坐在墙角晒太阳。细细想来好像真是那么回事，当然这个晒太阳须是没有心理负担的放松，有别于“请观懒惰者，面待饥寒色”的自暴自弃，有别于“年来七十罢耕桑”“闲梳白发对残阳”的人生惆怅。在一年中最冷的小寒时节晒太阳尤显珍贵，所以直到今天，还经常有人会把古人的负暄读书转换为落地窗前的咖啡与书籍，作为微信晾晒浮生半日闲的最佳镜头。

负暄一词，源于《列子·杨朱篇》：

> 昔者宋国有田夫，……自曝于日，不知天下之有广厦隩室，……顾谓其妻曰：“负日之暄，人莫知者。以献吾君，将有重赏。”

后来的解释引申为向君王表忠心。这一解释似乎是有些牵强的，那个将晒太阳看作世界上最幸福事的农夫，心底单纯明澈，只想到用阳光的珍贵来换取衣食所需，哪里会有士大夫们曲意逢迎的心态呢。从字面看，负为承受之意，暄为日光的温暖，比起承受压力、承受房贷、承受学业，在小寒这样最需要阳光的时间节点上，承受温暖显得与世无争和弥足珍贵。

在这里，负暄有着更多的理解方式。

檐下可以负暄，老棉鞋、铜火炉、头绳围巾、相公筒、南瓜子、一只猫、一只狗。不需要语言，便是一幅静美的冬日负暄图。

灯下也可以负暄。郁达夫先生笔下有过一个动人传神的江南之冬，然而在20世纪30年代的阴晦环境里，总包含着那么一种旧世界的凄清，市井小民只有在季节的冷暖有常里才能体会到一点人间的温度。80多年后的杭嘉湖地区，人们的经济状况多已不止温饱，冬天越寒冷，便越容易感觉到温暖，有时间和物

雪覆烟村曹蒋门，轻风摇落了无痕

力享受更多自在的生活惬意。在冰霜凝结、枝头明月的冬夜，窗外朔风渐紧，漫天雪花。屋里的灯光虽不能取暖，却把整个屋子照得明亮，把屋里的人照得脸儿红扑扑。一张八仙桌边围个六七个人，花生、瓜子、橘子随意地放在桌上，几杯晶莹的红茶，两把热水壶，小孩子两个膝盖靠在一起玩着小物件，不理会“今年收入几许？”“哪家的女儿已到了出嫁的年纪？”之类的话题，角落里椅子的布垫上盘着一只呼噜噜的猫……

“良心在夜气清明之候，真情在箪食豆羹之间”，冬天的温暖随着严寒加剧而不断增强，这也正是许多人怕冷但又抱怨四季不分明的原因，因为在我们的心底，冬天就应该在寒冷之中感知温暖，亦如饥肠辘辘时吃火锅，那种天寒地冻里的温暖便成了心中的一团火。

“十二月节，月初寒尚小，故云，月半则大矣。”其实小寒的威力并不逊色于大寒。据宋英杰先生统计，小寒时冬天覆盖的面积已经超过了900万平方公里。在北方，极端天气出现概率最高的节气也是小寒，所以才会有“大寒到小寒家做客，不小心被冻死了”这样的笑话。随着知识的普及，小寒寒于大寒几乎成了人们的共识。这也是因为中国的文化源于黄河流域，北方的冬天来得早，停留的时间长，所谓“胡天八月即飞雪”“二月垂杨未挂丝”，相比斯文又小众的江南，北方的彪形大汉肯定在气势上略胜一筹。

对于江南地区的桐乡人来讲，以大小分寒其实挺科学的，小寒确实比大寒略逊一筹，小寒偶有回暖，大寒几乎没有。而且经过一段长时间的低温，土地也从表面到深处彻底冷了下来，即便气温一样，大寒也冷得更加深沉。

小寒在元旦后约一周，作为一年之中的倒数第二个节气，在第一候即进入“三九四九，冻碎石臼”的严寒季节。有人说“从北面山袭来的严酷的余寒，尚不能冻灭我们年轻的火焰”，元旦春节两个火红节日的接踵而至，让人们的心底在最寒冷的季节萌生出最年轻的活力。现在过的元旦节，历史其实并不长。辛亥革命以后，实行公历纪元法，便将原本农历正月初一的元旦搬到了公历的 1 月 1 日，原来的正月初一，被改称为春节，原来的春节（立春日）则变成了一个普通的节气。因此，二十四节气是阴阳的统一，既有公历的简洁，又有农历的内涵。

按照余世存先生的说法，中国古人对元的概念有着极为宏大而精准的把握。公元前 104 年，《太初历》出炉，规定一年的时间为 365.25016 天，1 个朔望月（农历月）等于 29.53086 天。在年月的计量单位之后，还有好几个概念：1 章，等于 19 年；1 统，等于 81 章即 1539 年；1 元，等于 3 统即 4617 年。而北宋哲学家邵雍在《皇极经世》里则将年以上的时间分为世（30 年）、运（360 年）、会（10800 年）、元（129600 年）。

雁北乡，鹊始巢，雉始鸲。

对于动者，刚刚落脚，便又要动身，对于常客，关注的是小家庭的经营。

刚刚在温暖的南方落下脚，又要启程返回北方了，因为路程过于遥远，大雁们在小寒时刚刚感觉到一点点阳气，便启程返回北方，与人们一样，一年四季的大半时间都在奔波的路上。小时候听见西伯利亚这四个字，就知道冷空气要来了，而那片莽莽苍苍的森林和无垠的冰天雪地，一直是冬天里最美的梦境。雁是古诗词中出现最多的意象之一，“雁字回时，月满西楼”“鸿雁在云鱼在水，惆怅此情难寄”“木落雁南度，北风江上寒”……与那一轮明月，美澈千古。古时候，大雁也象征着高规格的礼仪，雁通宴，“摽梅诗有赠，羔雁礼将行”。不管是孤独踟蹰还是依人作幕，大雁都是一种雅俗兼具的神鸟。

课文里的那只喜鹊，在小寒时节以身体力行来规劝寒号鸟筑巢，就像人们在冬天修缮农田水利设施一般防患于未然。江南人称喜鹊为屋鹊，认为它们是除了燕子以外喜欢与人们做邻居的另一种鸟儿，落叶树的树梢、高压线的三角铁之间，随处可见鹊巢。这是一种充满艺术性和技术性的住宅，外观低调，却能在无数次狂风暴雨中安然无恙。有人曾在大雨过后拆过一个鹊巢，里面竟依然干燥，通透的树枝能搭成避雨的建筑，这就是造物者的神奇之处吧。古人还赋予喜鹊“喜上眉梢”“欢天喜地”等吉祥

朝霞灿成绮

清净之气中的清净之地

的寓意，也使其成了迎春书画中的常客。

雉为野鸡，鸲引申为鸣叫的意思。人们忙着相亲定亲娶亲，野鸡们忙着唱歌求偶，各有各的表达方式。野鸡的求偶之鸣也被称为最早的迎春之声，比迎春花的开放还要早，所以我们先听到春天的声音，然后再看到春天的色彩。

除此之外，还有一种意象比三候更加真切。清晨霜露未晞时枯黄的野草，蒙了一层半透明的冰霜，墙角边的一簇，田塍上的一条，桑地里的一片，池塘边的一圈。“巧笑倩兮，美目盼兮，素以为绚兮。”这些饱经自然风霜的小草在生生不息的轮回里，不知比人工草坪的气质要强上多少倍。在江南，霜草苍苍比蒹葭苍苍更能直达人们的心底。

在晒太阳的同时，人们也不忘对农事的筹备，疏沟渠、垦冬地，劳动出汗与年终农事一并完成。看似可有可无的劳动，却对下一年的稼穑起着十分重要的作用，“冬季修田塍，好比造长城”“冬耕深一寸，抵着一层粪”。这是勤劳的农人对未雨绸缪最直接的理解。

小寒虽然冷，却是花信的起始，古人所说的“二十四番花信”从小寒那天开始，一直到谷雨，最先开的是梅花，其次是山茶，再是水仙。因此，比起浪漫的花事、励志的农事和即将到来的喜庆的年事，小寒的那点寒意又算得了什么呢？

大寒

DAHAN

这个世界上最温暖人的事，莫过于童年与过年，丰子恺先生说『吾爱童子身，莲花不染尘』『今夜两岁，明朝三岁』，在大寒来临时陪孩子们一起等待过年更是一种完美的温情。

大寒之所以为大，只是因为排在小寒的后面，如果抛开单调的气温，大寒所蕴含的那股即将冲破严寒的希望和包裹在其中的火热年味，岂是小寒可以相提并论的？

这个世界上最温暖人的事，莫过于童年与过年，丰子恺先生说“吾爱童子身，莲花不染尘”“今夜两岁，明朝三岁”，在大寒来临时陪孩子们一起等待过年更是一种完美的温情。

对中国人来说，享受过程固然是一种幸福，但幸福即将到来前的等待更含着一种希冀之美，像回归故乡的前一天，总有一种手足无措的激动，过了大寒，对春节的等待便是如此。孩子们在歌谣里唱道：“小孩小孩你别馋，过了腊八就是年！”吃好腊八粥，做完期末考卷，孩子们的春节便早早拉开了帷幕。

如今，人们的生活水平早已在基本的温饱之上，他们所等待的，其实并不是那一碗粥，而是从这一刻开始的二十三天对年的祈盼。

桐乡人喜欢吃粥，却没有形成吃腊八粥的习俗，只知道有那么一回事。近年来随着民俗活动的兴起，桐乡的九座佛教寺院中纷纷支起大锅煮腊八粥，并在煮好后施舍给众人。“今天你喝粥了吗？”成为腊月初八人

一碗粥，消磨了腊八节的寒气

们交流最常用的话。放翁诗云：“世人个个学长年，不悟长年在目前。我得宛丘平易法，只将食粥致神仙。”不论是早晨的白米粥，还是夏夜的乘凉粥，或是腊八的五谷杂粮粥，无不是安康在前，名利在后，心适宜，才是一种真实的生活。

腊八之后半个月，约在大寒后数日，才是桐乡人最重要的仪式：腊月廿三。民间信仰在几乎所有的单位忙着开年终总结大会的时间点上迎来高潮。家家户户的灶山（土灶头最上面的平台）之上，三盅糖水、千张、油豆腐、豆腐干、家常水果，一一摆开，烟浮金甑，红烛高照，“欢送”灶家菩萨回“娘家”（天庭）汇报所在人家一年的“工作”。其“假期”基本与人相同，廿三出门，初一凌晨准时“回家”。人们的想法是，辛辛苦苦一年，总要让灶家菩萨说说好话，以保佑来年平安健康、风调雨顺。所以这“出发”前的一顿饭，人们用赤豆烧糯米饭，再在碗里加一点红糖浇头。寓意是糯米饭粘嘴巴，不该说的话别说，赤豆红糖甜，该说的好话一定要说。小孩子们听话地拜揖，大人们扎好柴遮头掸蓬尘。深夜，香烛燃尽，真的过年了。

迷信与习俗，只在一念之间，一在蛊惑人心，一在教化人心。

猫冬是一个很温馨的词，最适合等待春天。清人吴绛雪在《四季回文诗》关于冬的一首中写道：“红炉透炭炙寒风御隆冬。”只有十个字，拆开来看：“红炉透炭炙寒风，炭炙寒风御隆冬。冬隆御风寒炙炭，风寒炙炭透炉红。”其构思精妙之极，生活精妙之细，是我们对年终应有的态度。

廿三过后，按以往的习俗，捉鱼、打年糕等活动一场接一场。但物质的富裕也是一把双刃剑，斩断了那些太容易实现的愿望，也斩断了儿时想学会打年糕的梦想，费劲的事情变成了商品，盼望的事情也变成了商品。闲下来的人最喜欢窝在家里，刷抖音、嗑瓜子，既开心，又空虚。许多人可能并没有理解，古人所说的“溪柴火软蛮毡暖，我与狸奴不出门”仅仅是某一个冬夜的瞬间，而不是用物质来替代习惯。有时候，把复杂的事物简单化是效率，把简单的事物复杂化则是文化的开枝散叶。

雪中禅意

鸡乳，征鸟厉疾，水泽腹坚。

大寒三候，形势既严峻残酷，又温馨欢快。

七十二候的物种分布中，鸟类最多，一年中出现了23次，其中包括大雁、黄鹂、老鹰、燕子、伯劳、戴胜等，六畜之一的鸡也在最后一个节气里登场。把产蛋的鸟类写成哺乳动物是一种非常有趣的创意。老母鸡孵蛋，本没有哺乳的环节，只是在寒冬里，一个角落里的柴草垛也能成为避风的港湾。

在鸟类物候中，老鹰与大雁出现的频率最高，各出现了4次。从春天的鹰化为鸠，到夏天的鹰始鸷，再到秋天的鹰乃祭鸟，到最后收官的征鸟厉疾（征鸟即能远飞的鸟类，一般指鹰隼之类的猛禽），鹰皆以勇猛的形象出现。厉为凶悍，疾为迅速，在天净霜清的冬天里，食物相对匮乏，天空中的老鹰不得不加快工作节奏，以满足自身的需求，否则会从高空落到低处与燕雀争食。

“阳气未达，东风未至，故水泽正结而坚。”大寒第三候，时值四九后期，只有水泽腹坚，才符合“三九四九冰上走”的条件。其实在江南很难见到整个河面结冰的现象，即便结了，在稍开阔的水面上也达不到腹坚的程度，用九五砖敲开冰面淘米的印象早已模糊在儿时的记忆中了。特别是一年暖过一年的冬天，能在门前的石臼里看到水泽腹坚的景象就已经很满足了。

假如生活如意，在等待春天的大寒里还有许多让人期待的事。

搭米酒。“搭”为酿的意思，在几乎每个镇街都有数名搭米酒的高手，洲泉湘溪村的一个村坊就有数个酒坊，可称得上米酒村。搭酒的过程虽然有固定步骤，但功夫全在无形的手艺之中。糯米蒸熟，用冷水冷却，放入药酒拌匀，倒入缸内用手压实，中间挖一孔，把缸置于房内避光，上面盖上草盖，约一周以后，酒缸中间的酒窝内便积满了酒酿，再按约 1：1 的比例放入水，耐心等待佳酿的形成。搭酒之人往往都是爱酒之人，也只有爱酒之人才能时刻精准把握缸内微妙的变化。“莫笑农家腊酒浑”，新酿的米酒较浑，呈乳白色，味甘甜，有气产生，不宜过度密封，几番澄清后，逐渐变成透明的淡红茶色，滋味也变得老辣。酿酒后多出来的酒糟也是好东西，“酒糟碎鱼”堪称当地十大名菜之一。或者拌入砻糠再经几道工序后蒸馏成糟烧（白酒）。在从米到酒的等待中，既有转化的灵感，又有时间的味道，迎接年关不仅要有视觉上的红火，还要有味觉与嗅觉上溢出的酒香。

吃“碰东”。桐乡人对宗族祠堂的概念已经淡化，除了红白喜事，同村同族的人家在逢年过节的酒水上也是不相往来的。可能是为了打发冬日的闲情，也可能是因为过年时经济相对宽裕，村上某个“好事”之人会提议某日某夜到某家集会聚餐，经费公摊，称为吃“碰东”，大概是碰在一起做东的意思。这个在现代人特别是城里人看来有些小题大做的事，在农村可能是几年才有一次的重大活动。这比正式的走亲访友更加令人兴奋，因为在这样的聚会上，去掉了所有的繁文缛节和时间要求，每个人都可以自由地说话和舒展笑容。

同时进行着的，打年糕、腌蹄子等习俗，无不声声敲打着新年的钟声。

大寒前后还有两件事最令人期待。

一件是未知的下雪。“个个初三要伊晴，十二月初三要伊阴。”因为“初三日头初六雪”，意思是说假如腊月初三出太阳，那离下雪也就不远了。古人害怕下雪，现代人却是一入冬就在天天祈盼着。有一首现代小诗写得极好：“传说冬的女儿很淘气，把秋天捎给春天的信撕碎，用力一挥洒，下雪啦！”严寒因为雪花多了几分俏皮与灵动。现代人对于雪的兴奋可算达到空前，天气预报报个雨夹雪，也会被传得神乎其神，只要能看见一片雪花，抖音微信立马刷屏。

20 世纪 90 年代初，日子正在迈向小康的路上，在灯光如豆的老屋里给不识字的父母长辈们读《瑞雪》：“今冬麦盖三层被，来年枕着馒头睡……”大人们的表情如书中的配图一般，墙上新贴的年历画泛着新年的光泽，窗外北风凛冽、雪花飞舞，那一刻的温暖直达对未来隐隐的期待。

冬雪对农作物的生长有利，被称为瑞雪，假如过了大寒再下春雪，就显得不合时宜了。所谓“冬雪丰年春雪灾，落雪不冷融雪寒”，只不过，春花作物在这里无关大局，雪大一点才最要紧。岁岁年年雪相似，年年岁岁心不同，儿时想着堆雪人，长大了想着上班路难行，与“今年花胜去年红，可惜明年花更好”不正是一样的人生惆怅么?

第二件是已知的过年。从廿三掸蓬尘开始，送灶接灶、抽塘分鱼、打年糕、贴福字、放百子炮、着新衣裳、做客人、泡馒糍糖茶、掮甘蔗、东高桥头轧闹猛……已过了“敲鱼拨肉”、青黄不接的岁月，一组组镜头串联起持续十多天的活动，是何等的让人兴奋，中国人所有的无以言表都融化在其中了。所以不论何时，新年都有着无法形容的诱惑，它把儿童的期盼带向未来，让成人的思绪回到童年，在冬天里留住那一丝年味，从而留住了传统文化的一个根。

有朋友说：“多希望一觉醒来，床头放着新衣，耳边响着爆竹声，母亲喊我起床过年，望向窗外白茫茫一片！”过了大寒，春天的序幕以过年的方式拉开。

用心去咀嚼，年味如诗：

腊月廿三，一夜清霜似水寒

屋前河滩，箩中糯米如玉白

浅浅石白，青青苔色已成斑

露未干，雾初散，汗成湍

枕枕年糕熟了桑麻话依然

廊下谁家的女孩

笑声潺潺，福字姗姗上门栏

旭日半圆，一点蔷薇露香腮

爆竹弥漫，半缕轻烟笼柳岸

人至半酣，旧符新桃时光憾

花辫子，新衣冠，甘蔗船

年年轻唱，燕子归来南山南

说起小时候的你面如粉黛

桃之夭夭又花开

岁月不徘徊

推窗独自猜

你说的正月里来是新年

低斟浅唱如歌般温暖

后记

这本小书的写作，源于一位同事的一条信息。去年的立夏，野火饭的余香还在夕阳下未曾散去，单位的小金发来一条信息：今天是立夏，在等你的文章。金垚贤是北航的高材生，对我这个中专生写的泥土味文章如此关注，即便是客套话，也让人受宠若惊。因为前一天刚写过一篇《野火饭》，于是我化激动为行动，赶在睡觉之前完成了 4000 余字的《立夏食俗》。在之后的每个节气里，我都会应当时之景完成一篇作文。当书写季节的灯前小草成文时，窗外总有或是万紫千红，或是黄叶纷飞，或是蛙鸣池塘，或是月下荷香陪伴着。但往往只是跟上了季节的时序，却永远跟不上季节的美。

写二十四节气是一件极易又极难的事。说易，是因为关于节气的书纷繁如絮，摘抄一些金句和流行的讲法，再加上几句话连接起来，再添几张江南的图片，便可以假装行走在江南的四季里。说难，是因为作为南方人，我对北方人的节气标志实在没有切身的感受，且实在不想让原本享受的过程变成一种复读，何况要真正写出江南节气的生动和真实，实在不是我这样的钝笔所能做到的。因此这 24 篇小文其实是由涌上心头的童年记忆、对生活的油盐爱恨以及一位农业科普工作者的点滴感受组成的，谈不上文化读本，只可作为经典语句之外的闲聊家常而已。但就个人而言，对江南节气的挚爱却是真实的，只不过，于情言之未尽，于理言之不尽，若有机会，以后再做增补。

我们平时所说的季节常常是符号式的，剥离了与生活的关系。秋天的风不只在公园里吹过，不只在老家的门前吹过，更在原野里被遗忘的水塘和水塘边那宝塔般孤独的水杉上吹过；鹅卵石与芦苇可以构成网红打卡地，弄堂口的狗尾巴草却更加自由。江南的符号容不得不遵循季节规律的堆砌，亦容不得被压缩了时间的打磨。我们所要做的，是拾起那一路的金子，形成一本在生活中可以翻阅的书。

感谢朱永官院士与何珊瑚女士为这本书作序， 我想这也正是一种科学家的接地气精神。还有范玉芬女士提供的美图、程旺大老师的农事指导、夏春锦和徐晓叶老师的策划建议，以及与走读桐乡的朋友们一起行走乡村所带来的真实素材。

余秋雨先生说：“农耕文明靠天吃饭，服从四季循环，深知世上没有真正的极端，冬天冷到极端，春色渐开，夏天热到极端，秋风又起。这种天人合一的广泛体验形成了中华文化的共识。”我们不能单纯地从碌碌无为的服从和现代科技的改变来理解天人合一的思想。季节是自然最佳的代言人，学会在四季冷暖和人情物态中正视、理解、分享、承受、书写天与人之间的变化和共存之道，人生的境界也会随之开阔起来，我想这也是文化润心的重要途径之一。

沈卫林

2022 年 12 月初稿

2023 年 7 月定稿